EL PENSAMIENTO VIVO DE DARWIN

Julian Huxley

EL PENSAMIENTO VIVO
DE DARWIN

Traducción de *Felipe Jiménez de Asúa*

Prólogo de Francisco J. Tapiador

EDICIONES ULISES

Traducción de Felipe Jiménez de Asúa

© Herederos de Julian Huxley
© Prólogo: Francisco J. Tapiador
© 2025. Ediciones Ulises

www.editorialrenacimiento.com
tel.: (+34) 955998232 • info@edicionesulises.com
EDICIONES ULISES S.L., MADRID

Diseño de cubierta: Equipo Renacimiento

DEPÓSITO LEGAL: M 11912-2025 • ISBN: 978-84-19026-22-4
Impreso en España • Printed in Spain

PRÓLOGO

Hoy nos resulta difícil calibrar el impacto que tuvo la publicación de la teoría de Darwin. Tras más de ciento cincuenta años damos por sentado el núcleo de sus descubrimientos, la evolución de las especies por la selección natural de los mejor adaptados. Es uno de esos saberes básicos sobre el mundo que se transmiten a los niños a partir de los diez años de edad. Pero en 1859 la teoría era revolucionaria, no sólo por su contenido científico, sino por las implicaciones sociales que se colegían de ella y que no pasaron desapercibidas a sus contemporáneos.

El darwinismo, al igual que siglos antes el copernicanismo, resituaba a la humanidad en el universo. El polaco demostró que la Tierra no era el centro del sistema solar (y por ende del cosmos), y que es nuestro planeta el que gira alrededor del Sol y no al revés. Esto contradecía pasajes poco conocidos de las Escrituras, pero el inglés hizo algo más importante, algo que obligó a que la Biblia tuviera que dejar de considerarse en su literalidad y se abriera a su interpretación alegórica y poética. Las ideas de Darwin contradecían frontalmente el mismo comienzo, el relato de la creación del hombre del Génesis, y, por tanto, la credibilidad popular del libro y de la iglesia. El choque con las estructuras de poder de la época fue inevitable.

Como se puede leer en la solapa de la edición original en inglés de este libro, *The Living Thoughts of Darwin* de J. Huxley, nociones que hoy consideramos conocimiento y convicción son «una herencia intelectual creada y defendida hace cientos o miles de años por rebeldes, a menudo en lucha con su propia época». Aunque Darwin no fuera un rebelde en el sentido social sino un señor que leía y escribía sobre sus cosas sin apenas salir de su finca tras el memorable viaje del Beagle, sus nociones fueron muy criticadas, en ocasiones de forma despiadada. En particular, la idea de que los humanos venimos de una serie de homínidos que a su vez proceden de otras criaturas y así hasta unos pocos seres minúsculos tardó bastante en ser aceptada incluso por la comunidad científica. Darwin era consciente de lo delicado del asunto, y en *El origen de las especies* evitó tocar el tema. Fue en *El origen del hombre* (1871) en donde llevó hasta sus últimas consecuencias la idea de que los humanos también hemos estado sujetos a la selección natural.

Naturalmente, la teoría original de Darwin ha sido refinada desde 1871 y desde las glosas de Huxley de 1939. Pero, desde entonces, las pruebas a su favor no han hecho sino aumentar. Lo que se han añadido son matices y pinceladas. Hoy sabemos que la evolución actúa sobre las poblaciones y no sobre los individuos, y que la variabilidad fenotípica (rasgos externos observables de un organismo), y la genética en las poblaciones de plantas y de animales se produce por la recombinación de ADN y por las mutaciones aleatorias. Pero no cabe duda de que la teoría original de Darwin era correcta, en el sentido en que lo son todas las teorías científicas: Darwin planteó una hipótesis que no ha podido ser falsada por una montaña de datos empíricos. A efectos de lo que se considera «ser verdad» en el lenguaje de la calle, la teoría de la evolución de Darwin es tan cierta como la mecánica de Newton, y por eso se tiene que enseñar en las escuelas, para que forme parte de la cultura general, sin perjuicio de que luego se refine y matice en los estudios superiores. Como sucede a menudo en ciencia, en la formulación original de la idea había lagunas que el tiempo ha ido drenando.

La pieza más importante, lo que le faltaba a Darwin para completar su teoría y explicar el mecanismo concreto que hace posible la evolución, era la genética. Hoy podemos ver a la evolución en acción en cada epidemia de gripe, y entender al detalle que las mutaciones son lo que hacen que unas cepas de bacterias se vuelvan resistentes a los antibióticos, pero Darwin no disponía de esa información;

un aspecto que él no oculta a lo largo de su obra. Gregor J. Mendel escribió las leyes de la herencia en 1865, pero no se conocieron hasta 1900, dieciocho años después de la muerte de Darwin, cuando tres científicos llegaron por separado a las mismas conclusiones que el checo y tuvieron el buen juicio de no intentar arrogarse la prioridad, sino reconocer, humildemente, que Mendel las había publicado antes. Resulta muy interesante ver tantear a Darwin al respecto, ajeno al mecanismo que podría haber hecho mucho más sencilla su explicación. Hoy, conocemos el mecanismo preciso de la transmisión de la herencia (el ADN lo aisló Frierich Miescher en 1869, pero no se supo que era la sustancia que transmitía la herencia hasta 1952). Tras el descubrimiento de su estructura por Watson y Crick en 1953 (ayudados por una fotografía de difracción de rayos X, la famosa Foto 51, que le distrajeron a Rosalin Franklin de un cajón), esa ciencia no ha hecho sino progresar, y hoy en día es posible cortar y pegar porciones de este ácido con una técnica, la CRISP, que inventó un español, Francis Mojica y por la que le dieron el premio Nobel de 2020 a dos científicas mejor posicionadas que Mojica en la arena internacional, Emmanuelle Charpentier y Jennifer Doudna.

Es bien sabido que Darwin se apresuró a sacar *Sobre el origen de las especies* (1859) espoleado por los amigos y por los descubrimientos de Alfred Russel Wallace, que como otros había dado ya con la noción de la supervivencia de los mejor adaptados influenciado, como Darwin, por la lectura del *Ensayo sobre el principio de la población* (1798) de Thomas Malthus y tras realizar, también como Darwin, clarificadores viajes de estudio. La preeminencia científica de Darwin está fuera de toda duda, no sólo porque fue el primero en argumentar la hipótesis siguiendo el método científico, sino porque la cantidad de pruebas que recogió supera en mucho a la de Wallace. Cuando Wallace comunicó a Darwin sus descubrimientos este comprendió que tenía que publicar su libro, al que siempre consideró un mero avance de una obra más completa. Como buen científico, él también le dio el crédito debido a Wallace, que era un hombre modesto con un interés notable en causas sociales. Wallace, por cierto, sí que conoció las leyes de la genética (vivió hasta 1913) y pudo aprovecharlas en trabajos posteriores. En el ínterin escribió una obra preciosa, *The Geographic Distribution of Animals* (1876), que desde entonces han adorado los estudiantes de Biogeografía de todas las épocas.

El trabajo de Darwin, lento debido a su mala salud, resultó en obras cumbre para la ciencia. El *Origen de las especies* es un texto transcendente, pero de difícil lectura. Es aquí donde entra Huxley. Un aspecto importante del libro que el lector tiene en sus manos es que Huxley aprovecha el conocimiento de su época para poner en contexto lo que escribió Darwin unos años antes, pero también lo que no pudo escribir por no conocer las leyes de la genética. Los ejemplos que aporta Huxley, como el del albinismo, clarifican muchos pasajes de Darwin y permiten comprender mejor la proeza intelectual que supuso su trabajo. El salto que dio la biología con Darwin desde las memorables –aunque erróneas– contribuciones de Aristóteles que aún permeaban los campuses universitarios a mediados del siglo XIX, es una de esas glorias de la ciencia que han construido el mundo actual. La teoría de la evolución nos ha permitido vencer enfermedades, mejorar los cultivos y que la ganadería sirva de sustento de una gran parte de la humanidad. Es una teoría que continúa avanzando, pero cuyo contenido, complejo a veces, es difícil de transmitir.

Este libro de Huxley fue publicado por primera vez en 1939, e iba necesitando una reedición. No una que mejorara sus comentarios, sino una que lo pusiera de nuevo en circulación. El lector interesado en conocer en profundidad el estado de este campo de investigación científica está casi obligado a dirigirse a la obra monumental de Stephen J. Gould «La estructura de la teoría de la evolución», pero hará bien en dedicarle antes un par de horas a esta de Julian Huxley para entender mejor aquella y las controversias técnicas actuales sobre el tema. Es este, el de Huxley, un libro muy útil para introducirse en la teoría de la evolución desde fuera del campo, pero también para que los profesionales puedan entender mejor la génesis de las ideas centrales de la evolución, es decir, el pensamiento de Darwin y cómo llegó a las conclusiones a las que llegó a partir de las observaciones recopiladas durante su célebre viaje en el Beagle.

Para el lector interesado en la historia de las ideas y en cómo se construye la ciencia, *El pensamiento vivo de Darwin* es una obra imprescindible. Huxley nos va contando tres cosas: en qué se equivocó Darwin, cómo previó la objeciones que se podían hacer a sus ideas, y qué quedaba en 1939 de la teoría. Pero el texto no ha perdido su vigencia en el año 2025 y esa es otra razón por la que merecía la pena reeditarlo. La explicación de cómo Darwin se esforzaba en responder al problema de la esterilidad y castas de algunas hembras de insectos (como las hormigas) es interesante vista con ojos modernos, puesto que nos revela su pensamiento sobre las limitaciones que veía a su teoría. Lo mismo con el problema de los instintos animales, que el lector encontrará sin duda iluminadora. Los extractos sobre hormigas y abejas son también sorprendentes y están bien escogidos. Sucede igual con el tema de la selección sexual, que resulta esclarecedora más allá de la pura biología.

La traducción de Huxley del catedrático y editor Felipe Jiménez de Asúa (1892-1973) que ofrecemos aquí es muy razonable, sobre todo si tenemos en cuenta que el madrileño estuvo obligado a tomar decisiones difíciles ya desde el título, que podría haber sido *La vigencia de las ideas de Darwin* para dar cuenta del doble sentido del título original *The Living Thoughts of Darwin*, y en la línea de los otros libros de la colección *Library of Living Thoughts*. La voluntad declarada de esos libros era facilitar la tarea de aquellas personas que, queriendo educarse a sí mismas, recurrieran a las obras originales de grandes autores, que es lo que suele suceder cuando uno profundiza en un campo. Las dificultades relativas a encontrar esos textos, enfrentarse a un buen número de páginas, y a la narrativa y estilo a menudo anticuados se pretendían resolver —con buen criterio— aprovechándose de la experiencia acumulada por pensadores como Huxley, capaces de destilar e interpretar la esencia de grandes obras y de acercarlas a un público interesado, pero no profesional.

El estilo de Huxley, muy didáctico, contribuye al disfrute de la lectura. El autor va desgranando las ideas centrales de la evolución y la vigencia de las nociones que contienen a través de dos técnicas: eligiendo, primero; y glosando, después, párrafos de Darwin. Esto nos permite apreciar mejor la novedad e interés de textos que, como *El origen de las especies* o *El origen del hombre*, no son fáciles de leer sin una guía experta. El planteamiento alterno de Darwin entre deducción e inducción complica su libro capital y hace que la lectura sea farragosa, pero afortunadamente tenemos a Huxley para llevarnos de la mano a las ideas centrales de una forma amena y comprensiva, algo que sólo puede hacer quien domina la materia.

Este proceder es hoy aún más necesario que en aquella época. La ciencia ha avanzado hasta unos niveles de sofisticación y detalle muy alejados de la base de la cultura general que proporciona el bachillerato, y hay campos enteros que son muy difíciles de entender sin estudios superiores. Se pueden intuir las ideas centrales de un área de conocimiento, pero es ilusorio pensar que se puede comprender cómo se comporta la materia —por poner un ejemplo— sin las herramientas de la teoría de grupos. Con la biogeografía (que es lo que hacía Darwin), o con la evolución moderna, sucede lo mismo. El desarrollo actual de las ciencias hace muy difícil transmitir a quien no sea experto las complejidades y los detalles, a menudo sutiles, de procesos que para ser descritos necesitan de un vocabulario extenso y complicado, y que implican conectar en la cabeza un buen número de leyes que lo emplean y que han de haber sido asimiladas previamente. Por suerte, hay científicos que dedican parte de su tiempo a la noble tarea de la divulgación científica, y que, siendo expertos en su campo y habiendo realizado contribuciones notables al mismo, están en condiciones de hablar desde el conocimiento y no de oídas.

Julian Huxley era de los que sabían de lo que estaba hablando. No sólo fue el primer director de la Unesco, sino que contribuyó personalmente al desarrollo de la teoría de la evolución. Fue el secretario de la Sociedad Zoológica de Londres y uno de los fundadores del Fondo Mundial para la Naturaleza (WWF). Fue el inventor de una palabra hoy de moda, «transhumanismo», que acuñó en 1957. Venía de una familia de intelectuales. Su abuelo paterno fue el biólogo Thomas Henry Huxley (1825-1895), uno de los primeros y más fundamentales apoyos con los que contó Darwin cuando se le echaron encima por su teoría sobre el origen de la humanidad. T.H. Huxley escribió una de las primeras defensas de Darwin, una en un estilo que se dirigía a los lectores de la época y que hoy nos resulta aparatoso. Otra curiosidad familiar es que uno de los hermanos de Julian fue el escritor Aldous Huxley, conocido sobre todo por su novela *Un mundo feliz*, pero que cuenta también con obras magníficas sobre el misticismo, un tema que, como a muchos otros intelectuales, le interesó durante toda la vida.

Julian Huxley no fue sólo un buen comentador de Darwin. Los términos «síntesis evolutiva» y «teoría sintética» fueron acuñados por él en otro libro titulado *Evolución: la síntesis moderna* (1942), en el que también aportó el concepto de «Biología evolutiva» en vez de la frase «estudio de la evolución». Huxley creía que la evolución debía ser considerada el problema más central y el más importante de la biología, pero también sostuvo que su estudio requería contribuciones de diferentes disciplinas, incluyendo «la ecología, la genética, la paleontología, la embriología, la sistemática hasta la anatomía comparada y la distribución geográfica, sin olvidar los de otras disciplinas como la geología, la geografía y las matemáticas». La llamada «síntesis evolutiva moderna» que él inició es la que hoy ofrece las explicaciones aceptadas de los mecanismos generales de la evolución.

Algo crucial que hace Julian Huxley en este libro es aportarnos contexto. Si Darwin se convenció de que la selección natural no conduce a la variabilidad, sino que actúa tan solo sobre ella, ya que no puede actuar antes de que las variaciones hereditarias se produzcan, fue porque el gran geólogo Lyell había expandido la escala del tiempo geológico desde unos pocos miles de años a varios miles de millones de años (curiosamente, Lyell se opuso a la evolución de las especies). Sólo comprendiendo que los periodos geológicos son inimaginablemente largos, de decenas de millones de años, se puede empezar a aceptar que una especie se vaya convirtiendo progresivamente en otra. La observación de las razas animales y vegetales creadas por la acción humana, como las razas de perros, era un buen comienzo, pero hacía falta estirar notablemente la edad de la Tierra para darle verosimilitud a la idea de que una musaraña pudiera haber evolucionado hasta llegar a nosotros vía el antepasado común con los primates. Y más hacia atrás, hacia unas pocas especies animales o vegetales y al antecesor de todos, el LUCA (el último antepasado común universal) que vivió hace 4.200 millones de años, y del que hoy sabemos que provenimos todo el conjunto de organismos vivos. Esta intuición profunda de Darwin, verificada con los datos empíricos que obtuvo y las series de observaciones finísimas de seres y embriones que habían hecho otros zoólogos, está inscrita en letras de oro en las páginas más memorables de una de las ciencias de la Tierra.

FRANCISCO J. TAPIADOR
Catedrático de Física de la Tierra
Universidad de Castilla-La Mancha (UCLM)

EL PENSAMIENTO VIVO DE DARWIN

LA teoría de la evolución es, sin duda alguna, el descubrimiento más importante hecho hasta hoy en el dominio de la biología. Se la puede comparar a los principios generales de la física, tales como la conservación y la degradación de la energía, la teoría moderna de los átomos o la de la gravitación de Newton. Charles Darwin, que ha contribuido más que nadie a su elaboración, puede ser calificado, justamente, como el Newton de la biología. Con la potencia extraordinaria que da una idea única, fue el primero en lograr la reunión de los diversos resultados de su ciencia coordinándolos inmediatamente de una manera comprensible.

En la hora actual, setenta u ochenta años después de la publicación de sus principales obras, lejos de tener tan solo un valor histórico, todavía ocupa un puesto importante en la ciencia, y, a pesar de los progresos extraordinarios que se han hecho en todas las ramas de la biología, el biólogo evolucionista siempre lo releerá con provecho, no solo para descubrir hechos interesantes y poco conocidos en la masa de las materias acumuladas, sino para obtener ideas estimulantes que aclararán sus investigaciones e incluso le abrirán nuevas perspectivas

La lectura de Darwin igualmente puede enriquecer al profano. En efecto, jamás el problema de la evolución ha sido expuesto tan minuciosa y sistemáticamente, y con tal abundancia de detalles en su apoyo; el lector tiene, pues, una ocasión única de estudiar el desarrollo del pensamiento de un gran hombre que justiprecia escrupulosamente todas las probabilidades del pro y el contra.

De todas maneras, el hombre de ciencia moderno debe hacer algunas aclaraciones. En la época en que escribía Darwin, la ignorancia en el dominio de la biología era grande, a menudo total, incluso sobre puntos importantes. Si su concepción del mecanismo de la herencia no tiene ninguna relación con la nuestra, es que, sobre este tema, los principios elementales todavía no habían sido descubiertos. La distinción incluso entre lo que es hereditario en las variaciones o lo que no lo es, era totalmente vaga: el microscopio aún no había revelado los cromosomas y su manera de comportarse; la paleontología estaba todavía en su infancia, y no se sacaba apenas conclusión alguna del descubrimiento de los fósiles, que atestiguan, sin embargo, una modificación progresiva y gradual, y constituyen una de las mejores pruebas del evolucionismo; los más grandes descubrimientos en embriología comparada, inspirados de todas maneras en el sistema de Darwin, no habían sido hechos; y por último, tanto en el estudio de las variaciones, como por dar una base cuantitativa a la teoría de la selección natural, las matemáticas no secundaban aún a la biología.

El profano que lee a Darwin no puede darse cuenta hasta qué punto sus observaciones son incorrectas o incompletas, y sus argumentos basados en datos, juzgados inexactos más tarde; no puede saber cuándo sus ideas o sus métodos deben ser corregidos con el fin de ponerlos de acuerdo con nuestros puntos de vista y nuestros conocimientos actuales. Haremos, pues, este trabajo por él. Al citar de una manera más o menos seguida la obra de Darwin, intercalaremos comentarios que, así lo esperamos, traducirán su punto de vista en términos modernos. Este libro permitirá pues, a la vez, apreciar mejor el pensamiento de Darwin y ver cómo lo esencial de su teoría es valedero aún. Por último, colocará a él y a su obra, en su justa perspectiva histórica: puesto que, si no se tienen en cuenta los progresos realizados desde su muerte, es imposible discutir sus argumentos o apreciar su obra con equidad.

Con frecuencia, y por dos razones contrarias, se ha intentado negar a Darwin una parte de su grandeza: primero, se dice que debería recaer la gloria en sus antecesores más que sobre él, y segundo, que las teorías tan completamente suplantadas por otros no merecen tantos elogios.

La última crítica es la más simple de refutar. Es totalmente falso decir que sus teorías fueron suplantadas, con la significación que esta palabra se usa en el dominio científico: es decir, que habrían sido completamente excluidas del principal campo de las investigaciones actuales. No han sido suplantadas puesto que su prueba de la evolución ha sido tan universalmente aceptada que no solo es admitida por los sabios como el hecho de que la materia se compone de moléculas, adoptado sin discusión por los físicos y los químicos, sino que se ha convertido en uno de los principios fundamentales de la biología. Hay que reconocer que, si los progresos de nuestros conocimientos han hecho necesaria la modificación de nuestras ideas sobre la manera precisa en que opera la selección natural, fue Darwin por lo tanto el primero en anunciar esta noción de la selección natural para explicar la evolución. Y esa explicación todavía ocupa lugar predominante en todas las discusiones sobre el proceso de la evolución.

Esta distinción hecha entre la evolución misma y su proceso, invalida todavía más la primera crítica que acusa a Darwin de haber imitado a sus antecesores. No se puede negar que antes que Darwin hubo biólogos que expusieron hechos que parecían hablar en favor del evolucionismo. Algunos, incluso, habían concebido teorías para explicarlo, pero él fue el único en reunir tal profusión de documentos relacionados con el problema y en analizarlos con una perseverancia y una habilidad bastante grande para que sus testimonios conjuntos fuesen irresistibles. Nadie, tampoco, había expuesto una teoría tan simple y convincente como la de la selección natural para explicar la evolución[1].

Poseemos el testimonio de algunos contemporáneos, entre los cuales se cuenta T. H. Huxley, que habrían deseado poder creer en la evolución y en la transmutación de las especies, pero antes de la publicación del *Origen de las especies*, habían apartado esta hipótesis, no teniendo para aplicarla más que teorías groseras, imposibles de admitir, como las de Lamarck o la de Robert Chambers.

Si Darwin se hubiera limitado a reunir las pruebas de la existencia de la descendencia con modificación, o a enunciar el sistema de la selección natural para explicar el proceso de la evolución, ya hubiera hecho más que todos sus antecesores. Pero uniendo, por decirlo así, las dos cuestiones en un doble ataque del problema, adoptó una posición completamente nueva.

---

1. Alfred Russel Wallace, contemporáneo de Darwin, tuvo por casualidad la idea de la selección. Se hizo pública por primera vez en una comunicación conjunta de los sabios. Pero la prioridad del descubrimiento pertenece a Darwin, que trabajaba en el tema desde hacía muchos años. Por otra parte, la exposición de Wallace era más bien un brillante relato que una teoría plenamente desarrollada.

Es cierto que ningún hombre puede hacer un descubrimiento científico sin tener en cuenta las observaciones hechas por sus predecesores, pero es en Darwin tan solo en quien recae el honor de haber logrado la primera prueba concluyente de la evolución; y es él igualmente, quien ha demostrado que podía darse una explicación fundada sobre la ley natural, sin recurrir a la mística.

Y es tanto más extraordinario comprobar hasta qué punto su concepción, y por lo tanto el problema entero, se desnaturaliza todavía en la actualidad. Ello prueba cuánto influye el deseo en el pensamiento y hasta qué punto una opinión preconcebida puede falsear el juicio y contaminar la razón.

La evolución plantea a la vez tres problemas distintos: el del hecho, el del proceso y el de los resultados. El primero reside en la cuestión: ¿Ha habido, o no, evolución? Los otros dos dependen de la afirmativa de esta contestación. Si la evolución es evidente, ¿quién la ha provocado? Y si se ha producido, ¿cuáles han sido las consecuencias y cuáles las reglas o leyes generales que pueden ser retenidas en el curso de su realización?

Es inútil que el problema de los resultados nos retenga largo tiempo por el momento. Uno de los principales es la producción constante de adaptaciones circunstanciadas, por las cuales los seres organizados están en relación con su círculo físico y biológico, mejor armados para sobrevivir y perpetuarse en el curso de su existencia. Como veremos más tarde, Darwin atribuye gran importancia a este pro-blema. Vistos conjuntamente, los efectos de la evolución se presentan en una sucesión ininterrumpida e interminable. Se les percibe bien en el uso particular de un órgano, para el cumplimiento de una función determinada en los diferentes modos de vida (los murciélagos para el vuelo, la ballena para la natación, el milano para la carrera), o bien en toda especialización o perfeccionamiento general de organización, fenómeno que llamamos con razón progreso (elevación de la temperatura de la sangre en los animales; evolución del cerebro humano). De todas maneras, estas tendencias del desarrollo de las adaptaciones individuales a la sucesión de los progresos biológicos son, en un sentido, probabilidades evolucionistas. Se aplican por medio de los mismos métodos que invocamos para justificar la evolución. Aparte del argumento pronunciado a este propósito de que todo obedecería a un plan de creación (argumento que se revela desde hace mucho tiempo, sin fundamento), no han representado más que un papel secundario en las controversias sobre el tema.

Cuando tratamos el hecho y el proceso, nos encontramos con que los adversarios de la evolución han intentado complicar los resultados continuamente. Como entre los biólogos no se ha llegado a un completo acuerdo acerca del método preciso por el cual se opera la evolución, dichos adversarios pretenden que tales biólogos no la consideren como un hecho demostrado. Como ya no se puede aceptar la teoría de Darwin en su forma literal, gritan que el darwinismo ha muerto.

En realidad, hay dos factores distintos. Podemos estar persuadidos de que hay transformación, incluso si nosotros ignoramos en gran parte cómo se produce. Todos nos desarrollamos desde el huevo, a través del embrión, hasta el estado adulto. Ningún biólogo pretende comprender completamente el formidable mecanismo por el cual esta metamorfosis se efectúa, pero ninguno tampoco busca negar que se produce, pues sería comparable a un salvaje que negara que un automóvil avanza porque no conoce los medios de que se vale para moverse. El hecho de que no hayamos descubierto aún la explicación natural de ciertas fases de la evolución no autoriza a afirmar que tienen causas ocultas y no pueden ser explicadas. Parece que estas distinciones son tan evidentes para la evolución como para la embriología o para toda otra rama de la física transformista; ciertos polemistas de mala fe o desprovistos de lógica se niegan, no obstante, a admitirlas.

En realidad, hace mucho tiempo que la cuestión de hecho está resuelta. En la hora actual, incluso aquellos que no tienen más que vagos conocimientos en biología, aceptan la afirmativa. Cada año, en efecto, millares de hechos nuevos han venido a confirmar las pruebas, abundantes ya, facilitadas por Darwin.

En cuanto al proceso de la evolución, el problema es totalmente distinto. No consiste en una cuestión que permita una respuesta categórica. Se trata de descubrir los múltiples incidentes de una transformación complicada. Los conocimientos que hemos adquirido desde Darwin, aclarando ciertos puntos y probando que otros estaban mal fundados, han servido igualmente para demostrar que el problema, por muchas razones, es más complejo de lo que suponía Darwin o los sabios que le sucedieron, y que nosotros no podemos acercarnos más que en forma ligeramente aproximada a un total descubrimiento de la verdad. Demuestran aún que Darwin tenía razón en principio, en cuanto a que la selección natural existe y que representa un papel preponderante favoreciendo la evolución.

Comenzaré por dar una breve nota de la vida de Darwin, y luego un resumen de su concepción y de sus conclusiones, sacadas, tanto como me sea posible, de sus propias obras. A pesar de que los párrafos elegidos hablan por sí mismos, necesitan a menudo breves comentarios y, a veces, largas interpolaciones para establecer su relación con la biología moderna.

Charles Darwin nació en 1809, el *annus mirabilis* que vio nacer a Lincoln y Gladstone, Tennyson y Poe, Mendelssohn y Chopin. Descendía de dos familias eminentes.

Su padre ejercía la medicina con talento en Shrewsbury, su abuelo era el célebre Erasmus Darwin, médico también, pero reputado sobre todo por sus conocimientos en ciencia, literatura y filosofía. Emitió en sus libros ideas sobre la evolución, que tienen un cierto interés, a pesar de ser bastante especulativas, dados los escasos conocimientos biológicos de entonces. La madre de Darwin era una Wedgwood, hija del famoso alfarero de Etruria, Josiah Wedgwood, que unía un don de invención y un sentido práctico extraordinarios a un carácter de rara firmeza.

De los nueve a los dieciséis años fue a la escuela de Shrewsbury, después a Edimburgo, donde renunció a su primer intento de dedicarse a la medicina. Entonces se dirigió a Cambridge con la idea de abrazar la carrera eclesiástica, pero se entregó sobre todo a su pasión por el deporte, las plantas, los insectos y la geología. El más grande provecho que sacó de los tres años que duró su permanencia en esta ciudad, fueron las amistades que contrajo con hombres de ciencia de más edad que él, tales como Henslow y Adam Sedgwick.

En 1831, poco después de terminar sus estudios, Henslow le aconsejó solicitar el puesto de naturalista en la expedición científica del Beagle. Este viaje debía decidir su carrera, pero vencidas las objeciones de su padre por su tío Josiah Wedgwood, Darwin estuvo a punto de perder el puesto porque el capitán del barco le había tomado aversión a su cabeza, y en particular a la forma rara de su nariz. Lo que no le privó más tarde de hacer del capitán Fitzroy uno de sus mejores amigos. Durante los cinco años de viaje, visitó una gran parte de las islas del océano Atlántico y del océano Pacífico, las dos costas de América del Sur, Nueva Zelanda y Australia. Sus primeras observaciones pertenecen al dominio de la geología; escribió singularmente una gran obra sobre la teoría de la formación de los arrecifes de coral. Pero las experiencias que tuvieron mayor importancia sobre su pensamiento fueron de orden biológico; su estudio de la distribución geográfica de los fósiles en el este de la América del Sur y de la fauna del archipiélago de los Galápagos, le convencieron de que las especies no podían ser objeto de creaciones independientes, y no se explicaban por lo tanto más que por la descendencia con modificaciones. En 1837, poco después de su regreso, comenzó su primer cuaderno de notas sobre *La transmutación de las especies.*

Durante los años que siguieron, vivió en Londres, terminando su *Diario,* asistiendo a las reuniones científicas y frecuentando la amistad de algunos hombres de ciencia. En esta época fue nombrado secretario de la Sociedad de Geología y se enamoró y se casó con su prima Emma Wedgwood.

En 1842, afectado por su mala salud, se retiró a Down, en el condado de Kent, donde vivió hasta su muerte.

Desde este momento, su vida no fue más que un catálogo de sus libros. Después de las *Observaciones geológicas*, hechas sobre el Beagle (tres volúmenes: 1842-1846), la *Zoología* (cinco volúmenes: 1840-1845) y su admirable y popular *Diario de viaje* (1839), emprendió la formidable monografía de los *Cirrípedos* o anatíferas, a lo cual consagró ocho años y que publicó por último en cuatro volúmenes (1851-1854). En muchos aspectos debió ser a menudo labor ingrata, pero él la estimó útil. El examen de millares de tipos diferentes, le había demostrado no solo las dificultades de dividirlos en especies y géneros, sino también cuán arbitrarias eran las distinciones entre las sedicentes buenas especies.

A partir de 1854, se consagró casi exclusivamente al estudio de la evolución. Las tres obras relacionadas con este tema son: *El origen de las especies por medio de la selección natural* o *La lucha por la existencia en la naturaleza* (1859), *De la variación de los animales y de las plantas en estado doméstico* (1868) y *La descendencia del hombre y la selección sexual* (1871).

A pesar de que estaba enfermo continuamente, su vida admirablemente organizada le procuró inmejorables condiciones de trabajo, así como también la incansable devoción de su mujer y la ayuda de su familia y amigos, permitiéndole producir una obra que no ha sido superada en cantidad ni en calidad.

Murió en 1882, y fue enterrado en la abadía de Westminster.

El Origen de las especies (1859) y *La descendencia del hombre* (1871), contienen la esencia del darwinismo.

La primera obra expone el caso de la evolución en general y desarrolla la teoría de la selección natural; la segunda, a pesar de su título, está consagrada principalmente a la demostración de la teoría subsidiaria de la selección sexual. Las otras publicaciones no son más que las auxiliares de esos dos libros capitales. *El viaje de un naturalista alrededor del mundo*, o para darle su verdadero título: *Diario de investigaciones en geología y en historia natural hechas en las diferentes regiones visitadas por el Beagle, bajo el mando del capitán Fitzroy, de 1832 a 1836* (1839), contiene un relato apasionante de las primeras observaciones que le convencieron de la descendencia con modificaciones. Otras, como la tan completa sobre los *Cirrípedos* (1851-1854), constituyeron una materia prima y un conocimiento necesario para sus debates superiores sobre el problema de las especies.

A continuación, y en diversas épocas, publicó numerosas obras menores sobre diferentes aspectos de la adaptación: *La fecundación de las orquídeas por los insectos* (1862), *Las plantas insectívoras* (1875), *El movimiento y las costumbres de las plantas trepadoras* (1875), *La fecundidad de las variedades cruzadas las unas con las otras* (1876) y *De las diferentes formas de las flores en las plantas de la misma especie* (1877). En 1867 había escrito *De la variación de los animales y de las plantas en estado doméstico*, enorme compilación de conocimientos que reunió en este dominio y que puede servir de base para comprender la variación en la naturaleza.

En 1871 apareció *La descendencia del hombre y la selección sexual*; para completar este libro escribió en 1873: *La expresión de las emociones en el hombre y los animales*. Por último, a los setenta años de edad, publicó uno de sus estudios de historia natural más sugestivos: *Papel de los gusanos en la formación de la tierra vegetal* (1881). Después de su muerte la publicación por su hijo de *Vida y cartas* (1887), contribuyó a poner en claro el desarrollo de sus ideas. Se añade una versión abreviada de la *Autobiografía* escrita por Darwin para sus hijos, y que años después fue editada en la colección Thinker's Library.

La mayor parte de los resúmenes que van a seguir, están sacados del *Origen*, algunos de *La descendencia del hombre*, y he escogido uno o dos, muy breves, en sus otras obras, con el fin de demostrar el interés que Darwin tenía en seguir un tema que por una vez le había sugestionado, y para ilustrar también la extensión de su curiosidad intelectual que no hizo más que crecer con la edad. *El Origen* tiene quinientas noventa y seis páginas, y *La descendencia del hombre*, mil treinta; es evidente, pues, que lo que he seleccionado no puede dar más que una idea de la argumentación de

Darwin. He añadido algunos de los innumerables ejemplos de los que se sirve para desarrollar sus teorías.

En el *Origen* y en *La descendencia del hombre*, Darwin adopta un giro de razonamiento bastante raro en la ciencia, consistente en la unión íntima de la inducción y de la deducción. Desde las primeras páginas, expone el gran principio de la selección natural por deducción. Suponiendo, primero, que los animales y las plantas varían, y que en virtud de la herencia ciertas variaciones tienden a propagar su forma modificada, y suponiendo después que nacen muchos más individuos de cada especie de los que pueden sobrevivir (lo cual procura inevitablemente una lucha constante por la existencia), se debe sacar la conclusión de que se produce una interposición activa que Darwin bautiza con el nombre de selección natural y que hace que todo ser que varía, por poco que sea si esta variación da lugar a que se adapte mejor posea una mayor probabilidad de sobrevivir, y trasmita una parte de este mejoramiento a las generaciones ulteriores.

Este principio explicaría también el hecho de que en general los seres organizados se adaptan maravillosamente a sus condiciones de medio y de existencia; mientras las condiciones permanecen y la organización no puede ser mejorada, los animales y las plantas no sufren modificación alguna; pero cuando las condiciones cambian o cuando puede haber todavía mejoramiento del organismo, se produce forzosamente un cambio. Esta modificación será ligera y gradual, más si continúa durante enormes períodos geológicos, podrá engendrar mutaciones de cualquier grado. Así, las ligeras diferencias entre las especies afines y los géneros podrán ser explicadas por un fenómeno natural, como las largas y continuas modificaciones reveladas por la historia de la geología y la completa transformación de los grupos superiores de seres organizados, salidos de las formas primitivas y simples.

He aquí, pues, planteado el principio por deducción de la selección natural; completado más tarde por el subsidiario de la selección sexual, que Darwin supone que opera no sobre todos los medios de la especie en la lucha por la vida, sino sobre los machos dándoles ventaja en la cópula. Estima que estos dos principios explican toda la evolución orgánica y sus efectos, comprendiendo las adaptaciones circunstanciadas, los hechos relativos a la distribución geográfica, el cambio de tipo durante el período geológico, la existencia de órganos rudimentarios, la recapitulación de la historia de las razas y los adornos particulares adquiridos por los machos para la conquista de las hembras.

Se sirve de la inducción con dos fines. El primero, para establecer las bases de su deducción, tomando los dos fenómenos siguientes: la existencia de la variación de los animales y de las plantas, comprendiendo el hecho de que es, en parte hereditaria, el excedente de reproducción y la lucha por la vida, cuya consecuencia es la persistencia de los tipos más vigorosos. Coloca esta afirmación, naturalmente, antes de los capítulos en los cuales desarrolla la teoría general de la selección natural.

La segunda parte de su razonamiento por inducción consiste en una serie de ejemplos de hechos previsibles de la selección natural y sexual, tales como: las adaptaciones especializadas, los progresos lentos y continuos; la organización general; la asiduidad de los machos; la evolución divergente de los animales y de las plantas geográficamente aisladas, etc. Darwin las da a la vez, como consecuencia de la evolución y como una prueba de la existencia y del poder de la selección natural, reuniendo así, en un solo argumento, la inducción y la deducción.

Se ha dicho que esto era razonar en un círculo vicioso, pero esta crítica es injustificada. Darwin se ha esforzado primero en establecer que los efectos que describía no podían ser producidos por otra causa que la de la selección; inmediatamente le era lícito citar ejemplos propios y probar su hipótesis. De todas maneras, este método, si bien unifica los argumentos, también los complica, y no hace fácil la lectura y la comprensión de sus razonamientos. He juzgado preferible separar los diversos argumentos, y en particular distinguir aquellos que conciernen a las pruebas de la evolución misma y los que se refieren a su proceso, presentándolos en un orden bastante distinto.

Empezaremos por exponer la situación tal como se presenta. Las propiedades generales de los seres organizados que se ofrecen al estudio de Darwin y de sus contemporáneos (e incluso a la de los biólogos de hoy) deben ser explicadas, sea por la hipótesis de las creaciones independientes, sea por la de la evolución. Si es la de la evolución aquella que se admite, debe, a su vez, ser aclarada sobre las bases, ya de la ley natural, ya de la intervención de un poder oculto. Darwin comienza el *Origen de las especies* por un relato de los progresos lentos, pero continuos, de sus ideas y trabajos.

Las relaciones geológicas que existen entre la fauna actual y la fauna extinguida de América meridional, así como ciertos hechos relativos a la distribución de los seres organizados que pueblan este continente, me han impresionado profundamente durante mi viaje a bordo del navío Beagle, en calidad de naturalista. Estos hechos, como se verá en los capítulos subsiguientes de este volumen, parecen arrojar alguna luz sobre el origen de las especies —misterio de misterios—, para emplear la expresión de uno de nuestros más grandes filósofos. A mi regreso a Inglaterra, en 1837, he pensado que acumulando pacientemente todos los hechos relativos a este tema, encaminándolos bajo todos sus matices, podía acaso llegar a dilucidar estas cuestiones. Después de cinco años de un trabajo perseverante escribí algunas notas; luego, en 1844, resumí estas notas en forma de Memoria, donde indicaba los resultados que me parecían ofrecer algún grado de probabilidad; después, constantemente, he perseguido el mismo objetivo. Se me perdonará, así lo espero, que entre en estos detalles personales; si lo hago es para demostrar que no he tomado ninguna decisión a la ligera.

El primer hecho sobre el cual Darwin llama la atención es el de la variación. Sobre este tema ha reunido cierta cantidad de documentos. Los animales y las plantas en el estado de naturaleza varían; no hay dos tipos de la misma especie que sean exactamente semejantes, y las diferencias son a veces considerables. «Importa –nos dice– examinar brevemente si los seres organizados vivientes en estado de naturaleza están sujetos a variaciones. Para tratar este tema con la atención que merece, sería necesario redactar un largo y árido catálogo de hechos, que reservo para una próxima obra». Darwin hace mención aquí a la obra monumental, de la cual había trazado el plan, pero que no fue escrita jamás. Consideraba que el *Origen de las especies* no era más que la introducción, y desde 1839 reunió discretamente los materiales para este trabajo. En 1856 había empezado y terminado de escribir una docena de capítulos, cuando recibió un ensayo de Wallace, atestiguando que este último tenía también la idea de la selección natural. El *Origen*, tal como lo conocemos hoy, no hubiera sido escrito jamás sin este incidente que estimuló a Darwin y le hizo publicar sus resultados inmediatamente, en un libro que estimaba preliminar. El trabajo más importante que ha quedado inédito, así como los diez capítulos ya escritos y sus notas voluminosas, constituyeron una reserva de la cual extrajo los materiales para sus obras ulteriores. Wallace dice en su *Darwinismo*: «Los materiales reunidos por Mr. Darwin sobre este tema, el «de la variación», jamás han sido publicados, y han servido relativamente poco para el *Origen de las especies*». Darwin, resumiendo sus experiencias, escribe:

Se puede dar el nombre de *diferencias individuales* a las diferencias numerosas y ligeras que se presentan en los descendientes de los mismos padres, o en las cuales se puede asignar esta causa porque se observa en individuos de la misma especie que habitan una misma localidad restringida. Nadie puede suponer que todos los individuos de la misma especie estén fundidos en un mismo molde. Estas diferencias individuales tienen para nosotros la más alta importancia, pues como todos han podido observarlo, se trasmiten a menudo por herencia y además procuran también los materiales sobre los cuales puede actuar la selección natural y acumular de la misma manera que el hombre, en una dirección determinada, las diferencias individuales de sus productos domésticos.

Estas diferencias individuales afectan ordinariamente las partes que los naturalistas consideran como poco importantes: podré de todas maneras probar, por numerosos ejemplos, que hay partes muy importantes, ya desde el punto de vista fisiológico, ya desde el de la clasificación, que varían alguna vez en los individuos pertenecientes a una misma especie. Estoy convencido de que el naturalista más experimentado quedaría sorprendido del número de casos de variabilidad que se producen sobre órganos importantes; fácilmente se puede dar cuenta de este hecho recogiendo, como lo he hecho durante muchos años, todos los casos constatados por las autoridades competentes.

Bueno es recordar que los naturalistas sistemáticos rechazan el hecho de que los caracteres importantes puedan variar; y son pocos los naturalistas que quieran molestarse examinando atentamente esos órganos importantes, y compararlos con los de numerosos tipos pertenecientes a la misma especie. Nadie hubiera podido suponer que la ramificación de los principales nervios, cerca del gran ganglio central de un insecto, sea variable en una misma especie; todo lo más se hubiera podido pensar que los cambios de esta naturaleza solo pueden efectuarse muy lentamente. Sir John Lubbock ha demostrado que en los nervios del *Coccus* existe un grado de variabilidad que puede casi compararse a la ramificación irregular del tronco de un árbol.

Entre los ejemplos citados en el *Origen*, algunos ilustran diferencias rotundas entre los miembros de una misma especie. La uría común, produce, por ejemplo, una variedad notable cuyo «principal carácter consiste en un anillo blanco puro, que rodea el ojo, y una línea blanca estrecha y arqueada que prolonga la parte posterior de este anillo».

Por esta razón, Graba considera que en las islas Feroe una quinta parte de estas palmípedas se compone de una variedad tan acusada que se la ha clasificado antes como una especie distinta bajo el nombre de *Uría lacrumans*.

Darwin señala un caso similar en un mamífero carnívoro.

Puedo añadir que, según M. Pierce, dos variedades de lobos habitan las montañas de Catskill, en los Estados Unidos: una de estas variedades, que tiene algo de la forma del lebrel, se alimenta principalmente de gamos, y la otra, más robusta y de patas más cortas, que ataca frecuentemente los rebaños.

Conocemos en el momento actual, numerosos casos de dimorfismo o polimorfismo claramente señalados entre los zorros, las ardillas, los osos, los castores, los halcones, los búhos, las mariposas, etc. Todas las variaciones no son tan impresionantes, y sin embargo, casi todas las especies, ofrecen un cierto número de tipos lo suficientemente distintos como para ser considerados una variedad. Además, si un animal o una planta en estado salvaje interesa al hombre, o, por alguna causa que sea, llama vivamente su atención, se observa inmediatamente que existen muchas variedades.

Darwin se ha consagrado igualmente al estudio comparado de las variaciones de especies afines y de las diferentes razas de sus descendientes domésticos.

Hemos escogido su estudio sobre los caballos para dar una muestra de su análisis concienzudo.

Sin embargo, citaré un caso complejo y curioso, no porque tenga un carácter importante, sino porque se presenta en diferentes especies del mismo género: unas, domésticas; otras, en estado natural. Casi con seguridad se trata de un caso de reversión. El asno tiene a veces en las patas rayas trasversales muy marcadas, como las de las patas de la cebra; se ha afirmado que son muy visibles mientras es pequeño y, por averiguaciones que he hecho, creo que esto es exacto. La raya de la espaldilla, o raya escapular, es a veces doble, y es muy variable en extensión y contorno. Se ha descrito un asno blanco, pero no albino, sin raya escapular ni dorsal, y estas rayas son a veces muy confusas o faltan por completo en los asnos de color oscuro. Se dice que se ha observado el kulan de Pallas con la raya escapular doble. Míster Blyth ha visto un ejemplar de hemión con una clara raya escapular, aun cuando típicamente no la tiene, y el coronel Poole me ha confirmado que los potros de esta especie generalmente son rayados en las patas y débilmente en la espaldilla. El cuaga, aunque tiene el cuerpo tan listado como la cebra, no tiene rayas en las patas; pero el profesor Gray ha dibujado un ejemplar con rayas de cebra muy visibles en los corvejones.

Con respecto al caballo he reunido casos en Inglaterra de raya dorsal en caballos de razas más distintas y de *todos* los colores; las rayas trasversales en las patas no son raras en los caballos isabelinos, en los tordos y, en un caso, las he observado en un alazán oscuro; una débil raya escapular se puede observar algunas veces en los isabelinos, y he visto indicios en un caballo bayo. Mi hijo examinó cuidadosamente e hizo para mí un dibujo de un caballo de tiro belga isabelino, con raya doble en cada espaldilla y con patas rayadas; yo mismo he visto una jaca de Devonshire isabelina, y me han descrito cuidadosamente una jaquita galesa del mismo pelo, ambos con tres rayas paralelas en cada espaldilla.

En la región noroeste de la India, la raza de caballos de Kativar es tan general que tenga rayas, que, según me dice el coronel Poole, que examinó esta casta para el gobierno de la India, un caballo sin rayas no es considerado como puro. La raya dorsal existe siempre; las patas, generalmente, son listadas, y la raya escapular, que a veces es doble, y a veces triple, existe por lo común; además, frecuentemente, las rayas son más visibles en los potros; a veces desaparecen por completo en los caballos viejos. El coronel Poole ha visto caballos en Kativar, tanto tordos como bayos, con rayas desde el momento de su nacimiento. Tengo también fundamento para suponer, por noticias que me ha dado Mr. W. Edwards, que en el caballo de carreras inglés la raya dorsal es más frecuente en el potro que en el adulto. Recientemente, yo mismo he obtenido un potro de una yegua baya –hija de un caballo turcomano y una yegua flamenca– y un caballo de carreras inglés bayo; este potro, cuando tenía una semana, presentaba en su cuarto trasero y en su frente rayas numerosas, muy estrechas, oscuras, como las de la cebra, y sus patas tenían rayas débiles; todas las rayas desaparecieron pronto por completo. Sin entrar aquí en más detalles, puedo decir que he podido comprobar la existencia de rayas en las patas y en las espaldillas en caballos de razas muy diferentes, de diversos países, desde Inglaterra hasta China, y desde Noruega, al norte, hasta el archipiélago malayo, al sur. En todas partes del mundo estas rayas se presentan con mucha más frecuencia en los caballos isabelinos y en los tordos, comprendiendo con el término isabelino una gran variedad de tonos, desde un color castaño oscuro hasta el café con leche.

El coronel Hamilton Smith ha escrito sobre este asunto, y cree que las diferentes razas de caballos han descendido de diversas especies primitivas, una de las cuales, la isabelina, tenía rayas, y que los casos de aparición de estas antes descritos son todos debidos a cruzamientos antiguos con el tronco isabelino. Pero esta opinión puede desecharse con seguridad, pues es sumamente improbable que el pesado caballo belga de tiro, la jaca galesa, el *cob*, noruego, la descarnada raza de Kativar, etc., que viven en partes las más distintas del mundo, hayan sido cruzados con un supuesto tronco primitivo.

Hay que volver ahora a los efectos del cruzamiento de diferentes especies del género caballar. Rollin asegura que el mulo común, producto del asno y del caballo propende especialmente a tener rayas en sus patas; según Mr. Gosse, en algunas partes de los Estados Unidos, de cada diez mulos, nueve se encuentran en ese caso. Vi una vez a un mulo cuyas patas estaban rayadas, de tal forma, que cualquiera hubiese creído que era un híbrido de cebra: y Mr. W. C. Martin, en su excelente *Tratado sobre el caballo*, ha dado un dibujo de un mulo semejante. En cuatro dibujos en color que he visto de híbridos de asno y cebra, las patas estaban mucho más visiblemente listadas que el resto del cuerpo, y en uno de ellos había una raya doble en la espaldilla. En el caso del famoso híbrido de Lord Morton, nacido de una yegua alazana oscura y un cuaga macho, el híbrido, y aun la cría pura, producida después por la misma yegua y caballo árabe negro, tenían en las patas rayas mucho más visibles que en el cuaga puro: Por último, y este es otro caso importantísimo el Dr. Gray ha representado un híbrido de asno y hemión (me comunica que conoce otro caso) y aunque el asno solo accidentalmente tiene rayas en la espaldilla, el producto del cruce tenía, sin embargo, las cuatro patas con rayas, y además tres rayas cortas en las espaldillas, parecidas a las de las jacas isabelinas galesas y de Devonshire que hemos descrito, y hasta tenía a los lados de la cara algunas rayas como las de la cebra. Acerca de este último hecho estaba yo tan convencido de que ni una sola raya de color aparece por lo que comúnmente se llama casualidad, que la sola presencia de estas rayas de la cara en este híbrido de asno y hemión me llevó a preguntar al coronel Poole si tales caracteres se presentaban alguna vez en la raza de Kativar eminentemente rayada, y la respuesta, como hemos visto, fue afirmativa.

Entonces: ¿qué conclusiones debemos deducir de estos diferentes hechos? Vemos varias especies distintas del género caballar que, por simple variación, presentan rayas en las patas como una cebra, y rayas en las espaldillas como el asno. En el caballo vemos esta tendencia muy marcada siempre que aparece el color isabelino, tono que se acerca al de la coloración general de las otras especies del género. La aparición de rayas no va acompañada de cambio alguno de forma ni de ningún otro carácter nuevo. Esta tendencia a presentar rayas se manifiesta más intensamente en híbridos de algunas de las especies más distintas.

Pero Darwin se interesa sobre todo por las especies de variaciones continuas o dudosas, donde no existen tipos claramente contrastados, pero sí una cadena ininterrumpida de cambios cuantitativos en dimensión, forma, color y tipo de organización.

De todos estos ejemplos, ha sacado una conclusión nueva, extremadamente interesante, a saber: que las especies comunes teniendo una zona muy extendida son aquellas que varían más.

Se puede decir que las especies que tienen una zona considerable, que son las más difundidas en su país natal, y que comportan el mayor número de individuos, son las especies florecientes o dominantes, como se podría llamarlas y son aquellas que producen más a menudo las pronunciadas variedades que considero como especies nacientes.

Esta conclusión ha sido después comprobada y confirmada. El fenómeno del que habla Darwin, es debido en parte a las variaciones geográficas que tienen influencia –de un grupo de organismos a otro– sobre formación de las razas locales o subespecies ligeramente diferentes. Además, ciertas variaciones resultan ligeramente diferentes simplemente del número: en el mismo lugar, una especie común varía más que una especie rara.

En el texto que sigue, Darwin se plantea el problema de la definición del término *especie*.

Si las especies son realmente las creaciones inmutables con una diferencia fundamental entre ellas, ¿cómo explicar que las variedades se desarrollen en relación con sus condiciones exteriores? Pero si la distinción entre especies no es tan radical, ¿las variedades pueden ser miradas como especies intermedias y las mismas especies, como entidades variables? Su experiencia personal de los cirrípedos, además de lo que había espigado en los trabajos de otros naturalistas, le llevaron a optar por la segunda alternativa.

Algunos naturalistas sostienen que los animales nunca presentan variedades, y entonces estos mismos naturalistas clasifican como de valor específico la más leve diferencia, y cuando la misma forma idéntica se ha encontrado en dos países distantes o en dos formaciones geológicas, creen que dos especies distintas están ocultas bajo la misma vestidura. La palabra especie viene de este modo a ser una mera abstracción inútil, que implica y supone un acto separado de poder creador. Lo positivo es que muchas formas consideradas como variedades por autoridades competentísimas, tienen caracteres que les hacen aparecer como especies distintas y así han sido clasificadas por otros jueces no menos competentes; pero discutir si deben llamarse especies o variedades, antes de que haya sido aceptada alguna definición general de estos términos, es dar inútilmente palos al aire.

Si se compara la flora de Gran Bretaña a la de Francia o a la de los Estados Unidos, floras descritas por diferentes botánicos, se ve que número sorprendente de formas han sido clasificadas por un botánico como especies y por otro como variedades. M. H. C. Watson, al cual estoy

muy reconocido por la colaboración que me ha presta-
do, me ha señalado ciento ochenta y dos plantas inglesas
que se consideran ordinariamente como variedades, pero
a las que algunos botánicos han concedido el rango de
especies; al hacer esta lista ha omitido muchas variedades
insignificantes, las cuales, sin embargo, han sido estable-
cidas como especies por ciertos botánicos, y ha omitido
muchos géneros polimorfos por entero. Mr. M. Babing-
ton cuenta entre los géneros que comprenden la mayor
parte de formas polimorfas, doscientos cincuenta y una
especies, mientras que, M. Bentham no cuenta más que
ciento doce, lo que hace una diferencia de ciento treinta y
nueve formas dudosas.

Aquí hace alusión a una de las primeras observaciones
que le llevaron a dudar de la inmutabilidad de las especies;
fue durante su viaje a bordo del Beagle.

Hace muchos años, cuando veía a otros naturalistas
comparar unas con otras y con las del continente americano, las aves procedentes de las islas tan vecinas del
archipiélago de los Galápagos, me quedé profundamente
impresionado por la distinción vaga y arbitraria que existe entre las especies y las variedades.

Las dos cuestiones que trata son bastante distintas: primeramente, sobre las islas aisladas, las aves (u otros seres

organizados) a pesar de que son de la misma especie que las de la tierra más próxima, difieren de ellas en grados diversos; segundo, entre la curiosa familia de las aves insulares, los fringillidos o *Geospizidae*, que no se encuentran, por decirlo así, más que en el archipiélago de las Galápagos, parecen no poseer las distinciones pronunciadas que se encuentran habitualmente entre las especies. Las formas varían, pues, sobre las diversas islas del archipiélago, pero todos los tipos, incluso cuando son perfectamente distintos, están ligados por intermediarios y gradaciones. En 1937, Swarth, que ha estudiado últimamente el grupo, después de haberlo clasificado en cinco géneros, trescientas diecisiete especies y subespecies, confiesa que habría sido también lógico incluirlos a todos, géneros y especies, en una misma especie.

Hasta el presente no se ha podido trazar una línea de demarcación entre las especies y las subespecies, es decir, entre las formas que, en la opinión de algunos naturalistas, podrían ser casi puestas a nivel de las especies sin merecerlo totalmente. Tampoco se ha logrado trazar una línea de demarcación entre las subespecies y las variedades vivamente acusadas, o entre las variedades apenas sensibles y las diferencias individuales. Estas diferencias se confunden unas con las otras por grados insensibles, constituyendo una verdadera serie; ahora bien, la noción de la serie implica la idea de una transformación real.

Se comprenderá, después de estas observaciones, que a mi juicio se ha aplicado arbitrariamente por comodidad, el término *especie* a ciertos individuos que se semejan mucho, y que este término no difiere esencialmente del término *variedad*, dado a formas menos distintas y más variables. Hay que añadir, además, que el término *variedad*, comparativamente con simples diferencias individuales, se ha aplicado también arbitrariamente con propósito de comodidad.

Y escribe a modo de conclusión:

Más tarde nos veremos obligados a reconocer que la sola distinción que se puede establecer entre las especies y las variedades bien características, consiste tan solo en lo que se sabe o en lo que se supone, y que estas últimas están actualmente unidas las unas a las otras por graduaciones intermediarias, mientras que las especies han debido estarlo tiempo atrás.

Observando el gigantesco campo de investigaciones que es la domesticación, Darwin encuentra la prueba de una capacidad extraordinaria e inherente de variación, que no espera para manifestarse más que las condiciones nuevas impuestas por el hombre.

Cuando se comparan los individuos pertenecientes a una misma variedad, o a una misma subvariedad de nuestras plantas cultivadas desde hace mucho tiempo, y de nuestros animales domésticos más antiguos, se observa antes que nada que difieren ordinariamente más los unos de los otros que los individuos pertenecientes a una especie o a una variedad cualquiera en el estado de libertad. Ahora bien, si se piensa en la inmensa diversidad de nuestras plantas cultivadas y de nuestros animales domésticos que han variado en todas las épocas, expuestos como estaban a los climas y a los tratamientos más diversos, se llega a concluir que esta gran variabilidad proviene de que nuestras producciones domésticas han sido criadas en condiciones de vida menos uniformes, o incluso un poco diferentes de aquellas en las cuales la especie madre ha sido sometida al estado de naturaleza.

Las variaciones observadas en las variedades domésticas difieren bajo ciertos medios de aquellas que se encuentran en la naturaleza; pero ello es muy comprensible si se piensa en las condiciones artificiales en las cuales viven.

Las razas domésticas presentan a menudo un carácter un tanto monstruoso; con ello quiero decir que, a par de que difieren las unas de las otras, y de las especies vecinas del mismo género por algunos ligeros caracteres, difieren a menudo y a un alto grado, sobre un punto especial, sea comparándolas las unas a las otras, sea sobre todo que se las compare a la especie salvaje que más se parezcan. Aproximadamente (y salvo la fecundidad perfecta de las variedades cruzadas entre ellas, tema que discutiremos más tarde) las razas domésticas de la misma especie, difieren unas de otras de la misma manera que lo hacen las especies vecinas del mismo género en estado salvaje; pero las diferencias, en la mayor parte de los casos, son menos considerables.

A Darwin le gustaba hacer las observaciones directas sobre la naturaleza, y tener en cuenta el trabajo hecho por los demás.

Creo que siempre es mejor estudiar algún grupo especial y tras madura reflexión he elegido las palomas domésticas. La diversidad de razas de palomas es verdaderamente sorprendente: si se compara la paloma mensajera inglesa con la raza llamada culbutant se ve la enorme diferencia en sus picos, que da lugar a las diferencias correspondientes en los cráneos. La mensajera, especialmente el macho, presenta un notable desarrollo de la carúncula de la cabeza, a lo que acompaña un marcado alargamiento de los párpados, amplios orificios nasales y una gran abertura del pico. La culbutant de rostro corto semejante al de un gorrión; la culbutant ordinaria tiene una costumbre particular hereditaria de volar a gran altura, en bandada compacta, y dar volteretas en el aire. La paloma *runt* (paloma romana) tiene el pico largo y grueso y grandes patas; algunas subrazas tienen el cuello muy largo; otras, alas y cola muy largas; otras, en fin, cola muy corta. La paloma *barb* es afín de la mensajera inglesa; pero, en vez del pico largo, tiene un pico cortísimo y ancho. La buchona inglesa tiene el cuerpo, las alas y las patas muy largos, y su buche, enormemente desarrollado, que la paloma se enorgullece en hinchar, adquiriendo un aspecto extraño y cómico. La paloma *turbit* o paloma con corbata tiene un pico corto y cónico con una fila de plumas vueltas en el pecho, y posee la costumbre de distender ligeramente la parte superior del esófago. La capuchina tiene detrás del cuello las plumas tan vueltas que forman una capucha, y, en relación a su tamaño, tiene largas las plumas de las alas y de la cola. La trompeta, o paloma tambor, y la reidora, como sus nombres expresan, emiten un arrullo muy diferente del de las otras razas. La paloma pavo real tiene treinta y hasta cuarenta plumas en la cola, en vez de doce o catorce, número normal en todos los miembros de la gran familia de las palomas; estas plumas se mantienen extendidas, y el animal las lleva tan levantadas que en los ejemplares buenos la cabeza y la cola se cocan; la glándula oleífera está casi atrofiada. Podrían citarse otras varias razas menos diferentes.

Podría escogerse fácilmente, por lo menos, una veintena de palomas que, si se enseñaran a un ornitólogo y se le dijese que eran aves salvajes, las clasificaría seguramente como especies bien definidas. Más aún, no creo que ningún ornitólogo, en este caso, incluyese la mensajera inglesa, la culbutant de rostro corto, la *runt*, la *barb* la buchona inglesa y la pavo real en el mismo género; muy especialmente por cuanto podrían serle presentadas, en cada una de estas razas, varias subvariedades de descendencia pura, es decir, de especies, como él las llamaría.

Estoy plenamente convencido, con ser grandes como lo son las diferencias entre las razas de palomas, de que la opinión común de los naturalistas es justa, o sea, que todas descienden de la paloma silvestre (*Columba livia*), incluyendo en esta denominación diversas razas geográficas o subespecies que difieren entre sí en puntos muy insignificantes. Como varias de las razones que me han conducido a esta creencia son aplicables en algún grado a otros casos, las expondré aquí brevemente. Si las diferentes razas no son variedades y no han procedido de la paloma silvestre, tienen que haber descendido, por lo menos, de siete u ocho troncos primitivos, pues es imposible obtener las actuales razas domésticas por el cruzamiento de un número menor: ¿cómo, por ejemplo, podría producirse una buchona cruzando dos razas, a no ser que uno de los troncos progenitores poseyese el enorme buche característico? Los supuestos troncos primitivos deben haber sido todos palomas de roca; esto es: que no anidaban en los árboles ni tenían inclinación a posarse en ellos. Pero, aparte de la *Columba livia*, con sus subespecies geográficas, solo se conocen otras dos o tres especies de paloma de roca, y estas no tienen ninguno de los caracteres de las razas domésticas. Por lo tanto, los supuestos troncos primitivos, o bien tienen que existir aún en las regiones donde fueron domesticados primitivamente, siendo todavía desconocidos por los ornitólogos, y esto, teniendo en cuenta su tamaño, costumbres y caracteres, parece improbable, o bien tienen que haberse extinguido en estado salvaje. Pero es difícil exterminar aves que anidan en el borde de los precipicios y que están dotadas de un vuelo potente, y la paloma silvestre, que tiene las mismas costumbres que las razas domésticas, no ha sido exterminada enteramente ni aun en algunos de los pequeños islotes británicos ni en las costas del Mediterráneo. Por consiguiente, el supuesto exterminio de tantas especies que tienen costumbres semejantes a las de la paloma silvestre parece una suposición muy temeraria.

Esta observación detallada, a pesar de que haya recogido un gran número de casos tan impresionante, más tarde servirá a Darwin como material para su obra *De la variación de los animales y de las plantas en el estado doméstico*.

Pero no examinamos hasta aquí la evolución más que bajo su aspecto simple: la existencia de las variaciones, el origen de las variedades de tipo netamente definido y el carácter cambiante de las especies. Ahora vamos a estudiar, sobre una escala más vasta, y abordando una serie de hechos que es imposible explicar razonablemente por la teoría de las creaciones independientes, pero que se hacen inmediatamente comprensibles por la de la evolución. Estos hechos son deducidos de la embriología, que es el estudio del desarrollo de los órganos. Los animales totalmente distintos en el estado adulto, pueden ser hasta tal punto idénticos durante el período embrionario que a menudo es difícil distinguirlos.

Establecido queda que diversas partes del mismo individuo, que son exactamente iguales durante su primer período embrionario, se vuelven muy diferentes y sirven para usos muy distintos en estado adulto. También se ha demostrado que generalmente los embriones de las especies más diferentes de la misma clase son muy semejantes, pero se vuelven muy diferentes al desarrollarse por completo. No puede darse mejor prueba de este hecho que la afirmación de Von Baer de que «los embriones de mamíferos, aves, saurios y ofidios, y probablemente de quelonios, son sumamente parecidos en sus estados muy tempranos, tanto en conjunto como en la evolución de sus partes; de modo que, de hecho, muchas veces solo por el tamaño podemos distinguir los embriones. Tengo en mi poder dos embriones en alcohol, cuyos nombres he dejado de anotar, y ahora me es imposible decir a qué clase pertenecen. Pueden ser saurios, aves pequeñas, o mamíferos: tan completa es la semejanza en el modo de formación de la cabeza y tronco de estos animales».

Algún vestigio de la ley de semejanza embrionaria perdura a veces hasta una edad bastante adelantada; así, aves del mismo género o de géneros próximos muchas veces se asemejan entre sí por su primer plumaje, como lo vemos en las plumas manchadas de los animales jóvenes del grupo de los mirlos. En el grupo de los félidos, la mayor parte de las especies son rayadas y manchadas; rayas o manchas formando líneas, y pueden distinguirse claramente rayas o manchas en los cachorros del león y del puma. Vemos en ocasiones, aunque rara vez, algo de esto en las plantas: así, las primeras hojas del *Ulex* o auloga, y las de las acacias que tienen filodeneas, son pinnadas o divididas como las hojas ordinarias de las leguminosas.

Lo más extraordinario es que los embriones de especies superiores, hombre o animales, a menudo semejan a los de las especies inferiores dentro de un tipo general de organización.

Sin embargo, añadiré, que ciertos puntos de la conformación del embrión humano semejan también a ciertas conformaciones de animales inferiores en el estado adulto. El corazón, por ejemplo, no es primero más que un simple vaso pulsátil; las deyecciones se evacúan por un pasaje cloacal; el coxis forma una protuberancia como una verdadera cola, que «se extiende mucho más que las piernas rudimentarias». Ciertas glándulas, designadas con el nombre de cuerpos de Wolff, que existen en los embriones de todos los vertebrados de respiración aérea, corresponden a los riñones de los peces adultos, y funcionan como ellos. Incluso se puede observar, en un período embrionario más tardío, unas semejanzas impresionantes entre el hombre y los animales inferiores, Bischoff asegura que al fin del séptimo mes las circunvoluciones del cerebro de un embrión humano están casi en el mismo estado de desarrollo que en el babuino adulto. El profesor Owen, señala «que el dedo grueso del pie que produce el punto de apoyo en la marcha, lo mismo de pie que en el estado de reposo, constituye acaso la particularidad más característica de la estructura humana»; pero el profesor Wyman ha demostrado que en el embrión que tiene alrededor de una pulgada de longitud «el dedo gordo del pie es más corto que los otros dedos, y que en lugar de ser paralelo a ellos forma un ángulo con el borde del pie, correspondiendo así, por su posición, al estado permanente del pulgar en los cuadrumanos».

El caso más impresionante es el del embrión de los vertebrados terrestres, que posee en la región del cuello hendiduras branquiales y un sistema de arterias semejante al de los peces.

Los puntos de conformación por los cuales los embriones de los animales muy diferentes de una misma clase se semejan, no tienen a menudo ninguna relación con las condiciones de existencia. Por ejemplo, no podemos suponer que la forma particular en lazo que afecta, en los embriones de los vertebrados, las arterias de las hendiduras branquiales, esté en relación con las condiciones de existencia, puesto que la misma particularidad se observa a la vez en el joven mamífero, alimentado en el seno materno, en el huevo del pájaro empollado en un nido o en el desove de una rana que se desarrolla bajo el agua. No tenemos tampoco motivos para creer que los huesos análogos de la mano del hombre, del ala del murciélago, la aleta natatoria del marsopa estén en relación con las condiciones semejantes de existencia.

En su última frase, Darwin llama la atención sobre un nuevo argumento en favor de la evolución, procedente esta vez de hechos relativos a la anatomía comparada. Es bastante curioso que no cite, por decirlo así, ningún ejemplo fundamentado en la comparación de las conformaciones adultas, que es una de las principales bases de los trabajos más recientes sobre la evolución. De todas maneras, estudia minuciosamente el caso especial de los órganos rudimentarios, que es, entre los argumentos de este género, uno de los más convincentes. *Rudimentario* era el término corriente empleado en la época de Darwin. Hoy, desde el momento en que son órganos en vía de desaparición, les llamamos más justamente *vestigio* de órganos.

Se encuentra muy comúnmente, muy generalmente, incluso en la naturaleza, partes u órganos en este estado singular, que tienen el sello de una completa inutilidad. Sería difícil nombrar un animal superior en el cual no exista alguna parte en estado rudimentario. En los mamíferos, por ejemplo, los machos poseen siempre mamas rudimentarias; en las serpientes, uno de los lóbulos de los pulmones, es rudimentario; en las aves, el ala bastarda no es más que un dedo rudimentario, y en algunas especies, el ala entera es tan rudimentaria que resulta inútil para el vuelo. ¿Hay algo más curioso que la presencia de dientes en el feto de la ballena, que siendo adulta no tiene trazas de esos órganos; o la presencia de dientes que no horadan jamás la encía en la mandíbula superior del ternero antes de su nacimiento?

Hay que señalar que el caso de las mamas rudimentarias en los machos mamíferos será citado aparte por un biólogo moderno. Son realmente rudimentarias y no un vestigio. Existen porque los dos sexos comienzan con el mismo tipo general de organización; más tarde, algunos se desarrollan, mientras que otros permanecen rudimentarios o incluso desaparecen totalmente. Siendo inútiles los órganos rudimentarios, la selección natural no les da una forma claramente determinada, y son, pues, anormalmente variables.

Los órganos rudimentarios están muy sujetos a variaciones desde el punto de vista de su grado de desarrollo, y bajo otras relaciones en los individuos de la misma especie; además, el grado de disminución que un mismo órgano ha podido experimentar difiere a veces mucho en las especies muy afines.

En resumen, los órganos rudimentarios no tienen ninguna razón de ser, y si la teoría de las creaciones independientes presenta a este propósito dificultades insuperables, la hipótesis de la descendencia con modificaciones da una explicación relativamente simple de su existencia. Su inutilidad es un hecho significativo. Por ello, órganos plenamente desarrollados, pero que no sirven a sus propietarios, constituyen una prueba del mismo género en favor de la evolución que los órganos realmente rudimentarios, pues son rudimentarios en sus funciones.

Un animal puede poseer diversas partes en un estado perfecto, y, no obstante, se puede en cierto sentido mirarlas como rudimentarias, porque son inútiles. Así, la larva de la salamandra común, como lo señala M. G. H. Lewes, «tiene branquias y pasa su vida en el agua; pero los hijos de la *salamandra atra*, que vive sobre las alturas en las montañas, nacen totalmente formados. Este animal no vive jamás en el agua. No obstante, si se abre el vientre a una hembra fecundada, se encuentran las larvas provistas de branquias admirablemente ramificadas y que, puestas en el agua, nadan como las de la salamandra acuática. Esta organización acuática no tiene, evidentemente, ninguna relación con la vida futura del animal; no está favorablemente adaptada a sus condiciones embrionarias; se liga, pues, únicamente a las adaptaciones ancestrales y repite una de las fases del desarrollo que han recorrido las antiguas formas de las que desciende».

Darwin explica que los órganos adaptados a ciertas condiciones pueden subsistir incluso si se han convertido en inútiles, debido a un cambio de estas últimas.

Podrían señalarse muchos hechos notables relativos a los habitantes de las islas oceánicas. Por ejemplo, en algunas islas en donde no hay un solo mamífero, ciertas plantas indígenas tienen magníficas semillas con ganchos; ahora bien, hay pocas relaciones más evidentes que la adaptación de las semillas con un transporte operado por medio de la lana o de la piel de los cuadrúpedos. Pero una semilla provista de ganchos puede ser trasladada a otra isla por medios distintos, y la planta al modificarse se transforma en una especie endémica conservando sus ganchos, que constituyen un apéndice tan inútil como las alas atrofiadas que muchos coleópteros insulares esconden bajo sus élitros soldados.

Darwin profundiza la cuestión generalizando sus conclusiones en el párrafo siguiente.

La mayor parte del organismo de cada criatura viviente le está transmitida por herencia; por lo tanto, a pesar de que cada individuo está perfectamente apropiado al lugar que ocupa en la naturaleza, muchas conformaciones ya no tienen relación directa ni íntima con sus nuevas condiciones de existencia. Así, es difícil creer que las patas palmadas de la oca, habitante de las regiones elevadas, o que las de la fragata, tengan una utilidad muy especial para esas aves; no podemos creer que los huesos similares que se encuentran en los brazos del mono, en la pata anterior del caballo, en el ala del murciélago y en la paleta de la foca tengan una utilidad especial para esos animales. Con toda seguridad podemos atribuir estas conformaciones a la herencia. Pero, sin duda alguna, las patas palmadas han sido útiles al antecesor de la oca y de la fragata, como lo son hoy a la mayor parte de las aves acuáticas. Podemos creer también que el antepasado de la foca no tenía una paleta, sino un pie de cinco dedos, propio para la aprehensión o para la marcha.

Al intentar la clasificación de los animales y de las plantas nos encaminamos hacia lo que los biólogos llamaban ya antes de Darwin el *sistema natural*. Es un método de clasificación en el cual los seres organizados están colocados según la diferencia y las semejanzas de su organización entera, interna y externa. Está opuesto a los innumerables sistemas artificiales que se basan sobre, no importa qué carácter aislado, tal como una forma exterior, un color, una manera de vivir, etc. Darwin tiene mucho que decir en este sentido. Para él como para todos los clasificadores modernos, la semejanza como la similitud de tipo de los órganos particulares implica afinidades reales o una comunidad de origen.

Como hemos visto, los naturalistas procuran ordenar las especies, géneros y familias dentro de cada clase según lo que se llama el *sistema natural*; pero ¿qué quiere decir este sistema? Algunos autores lo consideran simplemente como un sistema imaginario que les permite agrupar los seres vivientes que son más parecidos y separar los más diferentes, o como un método artificial de enunciar lo más brevemente posible proposiciones generales; esto es, con una sola frase formular los caracteres comunes, por ejemplo, de todos los mamíferos; por otra, los comunes a todos los carnívoros; por otra, los comunes al género de los perros, y luego, añadiendo otra única frase, dar una descripción completa de cada especie de perro. La ingeniosidad y utilidad de este sistema son indiscutibles. Pero muchos naturalistas creen que por sistema natural se entiende algo más: creen que contiene la revelación del plan del Creador, pero, a menos que se especifique si esta expresión significa el orden en el tiempo o en el espacio, o ambas cosas, o en fin lo que se entiende por plan de creación, me parece que esto no añade nada a nuestro conocimiento. Expresiones tales como la famosa de Linneo, con la que frecuentemente nos encontramos en una forma más o menos velada, o sea que los caracteres no hacen el género, sino que el género da los caracteres, parecen implicar que en nuestras clasificaciones hay un lazo más profundo que la simple semejanza. Creo que es así y que el lazo parcialmente revelado por nuestras clasificaciones, y que es enmascarado por modificaciones de diversa intensidad, no es otra cosa que la comunidad de la descendencia, única causa conocida de la semejanza de los seres organizados.

Podría creerse —y en otro tiempo se creyó— que las partes de la organización que determinan las costumbres vitales y fijan el lugar de cada ser en la economía de la naturaleza debían tener suma importancia en la clasificación. Nada más inexacto. Nadie considera importante la semejanza externa entre un ratón y una musaraña, entre un dugongo y una ballena, o entre una ballena y un pez. Estas semejanzas, aunque tan íntimamente unidas a toda la vida del ser, se consideran como *simples caracteres de adaptación y analogía*; pero ya insistiremos sobre la consideración de esta semejanza. Se puede incluso considerar como regla general que cuanto menos se relacione una parte de la organización con costumbres especiales, tanto más importante es para la clasificación. Por ejemplo,

Owen, al hablar del dugongo dice: «Los órganos de la generación, con ser los que están más remotamente relacionados con las costumbres y alimentos de un animal, los he considerado siempre como los que indican más claramente sus verdaderas afinidades. En las modificaciones de estos órganos estamos menos expuestos a confundir un simple carácter de adaptación con un carácter esencial». ¿No es notable observar en las plantas, la escasa significación de los órganos de la vegetación, de los cuales dependen su nutrición y su vida, mientras que los órganos reproductores con su producto, la semilla y el embrión, tienen suma importancia? De igual modo también al discutir anteriormente ciertos caracteres morfológicos que no tienen importancia funcional, hemos visto que con frecuencia, son de gran utilidad en la clasificación. Depende esto de su constancia en muchos grupos afines, y su constancia depende principalmente de que las variaciones ligeras no han sido conservadas y acumuladas por la selección natural, que obra solo sobre caracteres útiles.

Del mismo modo nadie sostiene que los órganos rudimentarios atrofiados tengan una importancia vital o fisiológica considerable; sin embargo, estos órganos tienen, muchas veces, gran valor, desde el punto de vista de la clasificación. Así no es dudoso que los dientes rudimentarios que se encuentran en la mandíbula superior de los rumiantes jóvenes y ciertos huesos rudimentarios de sus patas sean muy útiles para mostrar la estrecha afinidad que existe entre los rumiantes y los paquidermos. Robert

Brown ha insistido mucho sobre la importancia que tiene en la clasificación de las gramíneas la posición de las florecillas rudimentarias.

Darwin aprovecha hasta las dificultades de la clasificación en favor de su teoría.

A menudo, nuestras clasificaciones siguen simplemente la cadena de las afinidades. Nada es más fácil que enunciar un cierto número de caracteres comunes a todas las aves; pero una definición semejante ha sido reconocida hasta el presente imposible para los crustáceos. Se encuentran, en las extremidades opuestas de la serie, crustáceos que tienen apenas un carácter común y, no obstante, las especies más extremas son evidentemente afines a las que les son vecinas, estas a otras, y así, a continuación, se reconoce que todas pertenecen a esta clase de articulados y no a los otros.

Pasamos de un argumento a otro, y esta vez abordamos la paleontología, o sea el estudio de los fósiles. Lo que impresiona desde el primer momento, es que este estudio revela a menudo parentescos de formas que ayudan a levantar un puente entre grupos hoy claramente diferentes.

Consideremos ahora las afinidades mutuas de las especies vivientes y extinguidas. Se agrupan todas en un corto número de grandes clases, y este hecho se explica enseguida por la teoría de la descendencia. Por regla general, cuanto más antigua es una forma, tanto más difiere de las formas vivientes; pero como Buckland ha hecho observar hace mucho tiempo, las especies extinguidas pueden clasificarse todas dentro de los grupos todavía existentes o en los intervalos entre ellos. Es absolutamente cierto que las especies extinguidas contribuyen a llenar los espacios que existen entre los géneros, las familias y los órdenes actuales; pero como esta afirmación ha sido con frecuencia ignorada y hasta negada, puede ser útil hacer algunas observaciones sobre este punto y citar algunos ejemplos. Si limitamos nuestra atención a las especies vivientes o a las especies extinguidas de la misma clase, la serie es mucho menos perfecta que si combinamos ambas en un sistema general. En los trabajos del profesor Owen nos encontramos continuamente con la expresión *formas generalizadas* aplicada a animales extinguidos, y Agassiz habla constantemente de *tipos proféticos o sintéticos*, y estos términos se aplican a formas o eslabones intermedios. Otro distinguido paleontólogo, M. Gaudry, ha demostrado del modo más notable que muchos de los mamíferos fósiles descubiertos por él en el Ática sirven para llenar los intervalos que existen entre géneros vivientes. Cuvier considera los rumiantes y los paquidermos como los dos órdenes de mamíferos más diferentes; pero se han encontrado tantas formas intermedias fósiles que Owen ha tenido que alterar toda la clasificación, y ha colocado ciertos paquidermos en un mismo suborden con rumiantes; por ejemplo, anula, mediante graduaciones insensibles, la inmensa laguna que existe entre el cerdo y el camello. Los ungulados o cuadrúpedos de pezuñas y cascos se dividen ahora en dos grupos: el grupo de los cuadrúpedos con dedos de número par, y el de los cuadrúpedos con dedos de número impar; pero la *Macrauchenia* de América del Sur enlaza hasta cierto punto estas dos grandes divisiones. Nadie negará que el *Hipparion* es intermedio entre el caballo viviente y ciertas formas unguladas más antiguas; el *Thypotherium* de América del Sur, que no puede ser colocado en ninguno de los órdenes vivientes, forma, como lo indica el nombre que le ha dado el profesor Gervais, un notable eslabón intermediario en la serie de los mamíferos. Los *sirenia* forman un grupo bien distinto de mamíferos, y una de las más notables particularidades del dugongo y del manatí actuales es la falta completa de miembros posteriores, sin que haya quedado ni siquiera un rudimento; pero el extinguido *Halitherium* tenía, según el profesor Flower, el fémur osificado «articulado en un acetábulo bien definido de la pelvis», y constituye así una aproximación a los mamíferos ungulados ordinarios, de los cuales los *sirenias* son afines por otros conceptos. Los cetáceos o ballenas son muy diferentes de todos los otros mamíferos; pero el *Zeuglodon* y el *Squalodon* de la época terciaria, que han sido colocados por algunos naturalistas en un orden diferente, son considerados por el profesor Huxley como verdaderos cetáceos «y constituyen un eslabón intermediario con los carnívoros acuáticos».

El naturalista mencionado ha demostrado que incluso el gran intervalo que existe entre las aves y los reptiles, se salva en parte del modo más inesperado, de un lado, mediante el avestruz y la extinguida *Archeopteryx*, y, de otro, mediante el *Compsognathus*, uno de los dinosaurios, grupo que comprende los más gigantescos de todos los reptiles terrestres.

Bajo ciertas reservas, de todas maneras, consideremos el hecho significativo de los fósiles animales cuyos caracteres cambian gradual y regularmente con el tiempo.

La fauna de cada período geológico es, ciertamente, intermediaria por sus caracteres entre la fauna que le ha precedido y la que le sigue. Solo citaré un ejemplo: los fósiles del sistema devoniano, cuando su descubrimiento, fueron reconocidos por los paleontólogos como intermediarios, por sus caracteres, entre aquellos de los terrenos carboníferos que les siguen, y los del silúrico que les preceden. Pero cada fauna no es necesaria y exactamente intermediaria, debido a la desigualdad de la duración de los intervalos que han trascurrido entre el depósito de las formaciones consecutivas.

Todos los paleontólogos han comprobado que los fósiles de dos formaciones consecutivas están más estrechamente unidos que los fósiles de las formaciones muy alejadas; este hecho confirma la afirmación precedentemente formulada del carácter intermediario, hasta un cierto punto, de los restos orgánicos que están conservados en una formación intermedia. Pictet nos da un ejemplo muy conocido, es decir el parecido general que se comprueba en los fósiles contenidos en las diversas capas del cretáceo, a pesar de que en cada una de esas capas las especies sean distintas. Este solo hecho, por su generalidad, parece haber quebrantado en el profesor Pictet la firme creencia de la inmutabilidad de las especies.

Se ha hecho un adelanto enorme en el estudio de los fósiles desde Darwin, y poseemos hoy muchas más pruebas de una transformación gradual y continua. El ejemplo clásico, desconocido de Darwin y de sus contemporáneos, es el de las modificaciones sucesivas de los caballos que, después de un periodo de cuarenta o cincuenta millones de años, de pequeños mamíferos con casco dividido en cuatro partes, y una dentición primaria, llegan al gran solípedo, que posee un aparato completo de molares y es el único representante actual de la raza caballar.

En otra escala, los fósiles del cretáceo han demostrado que los cambios de los caracteres entre las faunas consecutivas, a los cuales Darwin alude, no son debidos, en realidad, a una sustitución brusca de una especie por otra, sino a una transformación lenta e insensible. Sobre un período que se extiende quizá a un millón de años, el testimonio de los equinodermos del género *micraster* es particularmente demostrativo de este punto de vista.

Nos queda una cuestión que no se puede descuidar, no solo por el vivo interés que suscita, sino porque, unida a la observación hecha sobre las aves de las islas Galápagos fue una de las principales razones por las cuales Darwin abandonó la creencia en la inmutabilidad de las especies.

Hace muchos años M. Clift demostró que los mamíferos fósiles de las cavernas de Australia eran muy afines de los marsupiales vivientes de aquel continente. En América del Sur es evidente, aun para ojos inexpertos, un parentesco análogo en las piezas gigantescas del caparazón −semejantes a las del armadillo− encontradas en diferentes regiones del Plata. El profesor Owen ha demostrado, del modo más notable, que en la mayor parte de los mamíferos fósiles encontrados en estos países, en gran número, son afines de los tipos actuales sudamericanos. El parentesco se ve aún más claramente en la maravillosa colección de huesos fósiles recogidos en las cavernas del Brasil, hecha por Lund y Clausen. Me impresionaron tanto estos hechos que desde 1839 y 1845 insistí enérgicamente sobre esta «ley de sucesión de tipos», sobre «el maravilloso parentesco entre lo muerto y lo vivo en un mismo continente». El profesor Owen, posteriormente, ha extendido a los mamíferos del mundo antiguo la misma generalización. Vemos la misma ley en las restauraciones de las aves extinguidas y gigantescas de Nueva Zelandia hechas por este autor. También la vemos en las aves de las cavernas del Brasil.

Ahora bien: ¿qué significa esta notable ley de sucesión de los mismos tipos dentro de las mismas zonas? Sería muy temerario quien, después de comparar el clima actual de Australia y de las partes de América del Sur que están en la misma latitud, intentase explicar, por una parte, la diferencia entre los habitantes de estas dos regiones por la diferencia de condiciones físicas; y por otra parte, la uniformidad de los mismos tipos en cada continente durante los últimos períodos terciarios, por la semejanza de condiciones. Tampoco se puede pretender que sea una ley inmutable el que los marsupiales se hayan producido solo o principalmente en Australia; pero sabemos que, en tiempos antiguos, Europa estuvo poblada por numerosos marsupiales.

Según la teoría de la descendencia con modificación, queda inmediatamente explicada la gran ley de la sucesión, muy persistente, pero no inmutable, de los mismos tipos en las mismas zonas, pues los habitantes de cada parte del mundo tienden evidentemente a dejar en aquella parte, durante los períodos siguientes, descendientes muy semejantes, aunque modificados en algún grado. Si los habitantes de un continente difirieron en un tiempo, mucho de los de otro continente, sus descendientes modificados diferirán todavía casi del mismo modo y en el mismo grado; pero, después de trascurrir muchísimo tiempo y después de grandes cambios geográficos que permitan muchas emigraciones recíprocas, los más débiles cederán su puesto a las formas predominantes y no habrá nada inmutable en las leyes de la distribución pretérita o actual de los seres orgánicos.

Este párrafo engloba el estudio de los fósiles y el de la distribución geográfica de los seres organizados. Este último aporta igualmente un testimonio precioso en favor de la evolución.

Si se considera la distribución de los seres organizados sobre la superficie del globo, el primero de los grandes hechos que llama nuestra atención es que ni la semejanza ni la diferencia de los habitantes de las diferentes regiones pueden explicarse totalmente por las condiciones de clima u otras condiciones físicas. En el hemisferio Sur, si comparamos grandes extensiones de tierra en Australia, África Austral y oeste de América del Sur, entre 25 y 35° de latitud, encontraremos regiones sumamente semejantes en todas sus condiciones; a pesar de lo cual no sería posible señalar tres faunas y floras por completo más diferentes. Y también podemos comparar en América del Sur las producciones de latitudes superiores al grado 30 con las del norte del grado 25, que están, por consiguiente, separadas por un espacio de 10 grados de latitud, y se encuentran sometidas a condiciones considerablemente diferentes; y, sin embargo, están incomparablemente más relacionadas entre sí que lo están con las producciones de Australia o de África, que viven casi en igual clima. Hechos análogos pueden citarse por lo que se refiere a los seres marinos.

El segundo hecho importante que llama nuestra atención en esta revista general es que las barreras de todas clases u obstáculos para la libre migración están relacionadas de un modo directo e importante con las diferencias que existen entre casi todas las producciones terrestres del mundo antiguo y del nuevo, excepto en las regiones del norte, donde los continentes casi se reúnen y donde, con un clima un poco diferente, pudo haber libertad de migración para las formas de las regiones templadas del norte, como ahora las hay para las producciones propiamente árticas. El mismo hecho vemos en la gran diferencia que existe entre los habitantes de Australia, África y América del Sur en las mismas latitudes, países que están aislados unos de otros lo más posible. En cada continente, además, vemos el mismo hecho, pues a los lados opuestos de cordilleras elevadas y continuas, de grandes desiertos y hasta de anchos ríos encontramos producciones diferentes; aunque, como las cordilleras, los desiertos, etc., no son tan infranqueables como los océanos, ni tampoco tienen una existencia tan larga como estos, las diferencias son muy inferiores a las que caracterizan a los distintos continentes.

El tercer hecho importante que, en parte, está comprendido en lo que se acaba de exponer, es la afinidad de las producciones de los mismos continentes o del mismo mar, aun cuando las especies sean distintas en diferentes puntos o estaciones. Es esta una ley muy general; todos los continentes ofrecen innumerables ejemplos de ella; y, sin embargo, al naturalista, cuando viaja, por ejemplo, de norte a sur, nunca deja de llamarle la atención la manera como se van reemplazando sucesivamente grupos de seres específicamente distintos, aunque muy afines. El naturalista ve aves análogas cuyo canto es casi igual; sus nidos están construidos de modo parecido, con huevos casi del mismo color, y sin embargo, son de especies diferentes. Las llanuras próximas al estrecho de Magallanes están habitadas por una especie de avestruz americano (*Rhea*), y, al norte, la llanura del Plata por otra especie del mismo género; pero no se encuentra allí el verdadero avestruz ni el emú, que viven a la misma latitud en África y Australia.

Continúa dando un gran número de ejemplos y concluye por último diciendo:

Estos hechos demuestran la existencia de algún lazo orgánico íntimo y profundo, que prevalece en el tiempo y en el espacio, en las mismas extensiones de la tierra y del mar, independientemente de las condiciones físicas. Sería necesario que un naturalista fuera muy indiferente para no sentirse tentado de investigar cuál puede ser este lazo de unión.

Este lazo de unión es, simplemente, la herencia, esa causa que por sí sola, según sabemos de una manera

positiva, tiende a producir organismos totalmente semejantes los unos a los otros, o como se ve en los casos de las
variedades, casi semejantes.

Todas estas observaciones, cada una en el dominio que
le es propio, corroboran una conclusión idéntica, la de
la evolución o la de la descendencia con modificaciones,
como Darwin la nombraba generalmente. Escuchemos lo
que dice sobre el tema, pero señalemos antes que el poder
de causar la evolución que atribuye a los efectos del uso o a
su falta y a la acción directa de las condiciones exteriores,
no ha sido confirmado por el conocimiento moderno. De
todas maneras, esto no se refiere más que al proceso, y no
al hecho mismo de la evolución.

Empieza por demostrar que la variación sigue en los
límites de una misma especie el mismo curso que en las
diferentes especies de un género.

Las leyes complejas y poco conocidas que rigen la producción de las variedades son, en lo que podemos juzgar,
las mismas que las que han regido la producción de especies distintas. En los dos casos, las condiciones físicas
parecen haber determinado, en una medida de la que no
podemos precisar la importancia, efectos definidos y directos. Así, cuando las variedades llegan a una nueva estación revisten ocasionalmente algunas de ellas caracteres

propios a las especies que la ocupan. El uso y el desuso parecen, tanto en las variedades como en las especies, haber producido efectos importantes. Es imposible no llegar a esta conclusión cuando se considera, por ejemplo, que el pato de alas cortas (micróptero) cuyas alas incapaces de servir al vuelo están casi en el mismo estado que las del pato doméstico, o cuando se ve el tucutuco excavador (*ctenomys*) que es ocasionalmente ciego, y ciertos topos que lo son de ordinario y cuyos ojos están recubiertos de una película; por último, cuando se piensa en los animales ciegos que habitan en las cavernas oscuras de América y de Europa. La variación correlativa, es decir, la ley en virtud de la cual la modificación de una parte del cuerpo trae consigo la de otras partes diversas, parece también haber desempeñado un papel importante en las variedades y en las especies; en las unas y en las otras, así como los caracteres, desde mucho tiempo antes perdidos, que están sujetos a reaparecer. ¿Cómo explicar por la teoría de las creaciones la aparición ocasional de rayas en las espaldillas y en las patas de las diversas especies del género caballar y de sus híbridos? Por el contrario, este hecho se explica simplemente al admitir que todas estas especies descienden de un antepasado cebrado, de la misma manera que las diferentes razas del palomo doméstico descienden del silvestre, de plumaje azul y rayado.

Si uno se coloca en la hipótesis ordinaria de la creación independiente de cada especie, ¿por qué los caracteres específicos, es decir, aquellos por los cuales las especies del mismo género difieren las unas de las otras, serían más variables que los caracteres genéricos que son comunes a todas las especies? ¿Por qué, por ejemplo, el color de una flor estaría más sujeto a variar en una especie de ese género, –cuyas otras especies, que se supone han sido creadas de manera independiente, tienen flores de diferentes colores– que si todas las especies del género tuvieran flores del mismo color? Este hecho se explica fácilmente si se admite que las especies no son más que variedades bien acusadas, cuyos caracteres se han ido trasformando permanentemente en un alto grado. En efecto, habiendo variado por ciertos caracteres, desde la época en que se han separado de la fuente común, lo que ha producido su distinción específica, estos mismos caracteres estarán todavía más sujetos a variar que los caracteres genéricos, los cuales después de un inmenso período han continuado trasmitiéndose sin modificaciones. Es imposible explicar, según la teoría de la creación, por qué un punto de la organización, desarrollado de una manera inusitada, en una especie cualquiera de un género, y por lo tanto de gran importancia para esta especie como podemos naturalmente pensarlo, es eminentemente susceptible de variaciones. Según mi teoría, por el contrario, este punto es el asiento, –desde la época en que las diversas especies se han separado de su fuente común– de una cantidad desusada de variaciones y modificaciones, y debe, en consecuencia, continuar siendo generalmente variable.

En el extracto que sigue, señala, a propósito de la teoría de la descendencia, que la herencia de un antepasado común es descubierta por las diversas particularidades que se encuentran en muchas especies de un mismo género, incluso cuando sus costumbres y su círculo han evolucionado en sentidos diferentes.

En la hipótesis de que todas las especies de un mismo género descienden de un mismo padre, del cual han heredado un gran número de puntos comunes, comprendemos que las especies aliadas, colocadas en condiciones de existencia muy diferentes, tengan no obstante casi los mismos instintos. Comprendemos, por ejemplo por qué los mirlos de América meridional, atemperada y tropical, tapizan su nido con barro, como lo hacen nuestras especies inglesas.

Luego considera las formas fósiles y la distribución geográfica.

La difusión gradual de las formas dominantes y las lentas modificaciones de sus descendientes, hacen que después de largos intervalos de tiempo las formas vivientes parezcan haber cambiado simultáneamente en el mundo entero. El hecho de que los restos fósiles de cada formación presenten, en cierta medida, caracteres intermediarios, en comparación con los fósiles de las formaciones inferiores y superiores, se explica simplemente por la situación intermediaria que ocupan en la cadena genealógica. Este gran hecho de que todos los seres desaparecidos pueden estar agrupados en las mismas clases que los seres vivientes, es la consecuencia natural de esto, que los unos y los otros descienden de antecesores comunes. Como las especies generalmente han divergido en caracteres en el largo curso de su descendencia y de sus modificaciones, podemos comprender por qué las formas más antiguas, es decir, los antepasados de cada grupo, ocupan a menudo una posición intermediaria, en una cierta medida, entre los grupos actuales. Se considera las formas nuevas, en su conjunto, como más elevadas en la escala de la organización que las formas antiguas; deben serlo de todas maneras, pues son estas formas más recientes y más perfeccionadas las que en la lucha por la existencia han debido superar a las formas más antiguas y menos perfectas; sus órganos también han debido especializarse para cumplir sus diversas funciones. Este hecho es totalmente compatible con el de la persistencia de seres numerosos, conservando aún una conformación elemental y poco perfecta, adaptada a las condiciones de existencia igualmente simples; y es también compatible con el hecho de que la organización de algunas formas ha retrogradado porque estas formas sucesivamente se han adaptado, en cada fase de su descendencia, a condiciones modificadas de orden inferior. Por último, la notable ley de la larga persistencia de formas afines en un mismo continente –de los marsupiales en Australia, de los desdentados en América Meridional, y otros casos análogos– se comprende fácilmente porque en una misma región las formas existentes deben estar estrechamente asociadas a las formas extinguidas por un lazo genealógico.

Al final de su libro expone el plan general de la organización, la manera como ha sido revelada por la clasificación del sistema natural, por la homología de los órganos, a despecho de sus funciones distintas, por la similitud de los embriones entre ellos, que son, por el contrario, muy diferentes de las formas adultas, y por la existencia de los órganos rudimentarios.

Hemos visto que la teoría de la selección natural con modificaciones, dando lugar a la extinción de las especies y a las divergencias de los caracteres, explica el por qué todos los seres organizados extinguidos y presentes pueden clasificarse dentro de un pequeño número de grandes clases en grupos subordinados a otros grupos, en los cuales los extinguidos se intercalan muchas veces entre los recientes. Estos mismos principios nos muestran también por qué las afinidades mutuas de las formas, son, en cada clase, tan complejas y tan indirectas; por qué ciertos caracteres son más útiles que otros para la clasificación; por qué los caracteres de adaptación, aunque indispensables para el individuo, tienen escasa importancia a este respecto; por qué los caracteres derivados de las partes rudimentarias, sin utilidad para el organismo, pueden muchas veces tener gran valor desde el punto de vista de la clasificación; por qué, en fin, los caracteres embriológicos son los que en este sentido tienen frecuentemente la máxima importancia. Las afinidades verdaderas de los seres organizados, en contraposición con sus semejanzas de adaptación, son debidas a herencia o comunidad de origen. El *sistema natural* es un ordenamiento genealógico, en el que se expresan los grados de diferencia por los términos variedades, especies, géneros, familias, etc.; y tenemos que descubrir las líneas genealógicas por los caracteres más permanentes, cualesquiera que sean y por más pequeña que resulte su importancia para la vida.

La disposición análoga de los huesos en la mano del hombre, en el ala del murciélago, en la aleta de la marsopa y la pata del caballo; el mismo número de vértebras en el cuello de la jirafa y en el del elefante, y otros innumerables hechos semejantes se explican fácilmente según la teoría de la descendencia con lentas y pequeñas modificaciones sucesivas. La semejanza de tipo entre el ala y la pata de un murciélago, aunque usados para objetos tan diferentes; entre las piezas bucales y las patas de un cangrejo; entre los pétalos, estambres pistilos de una flor, es también muy comprensible dentro de la teoría de la modificación gradual de las partes u órganos que fueron primitivamente iguales en el antepasado remoto dentro cada una de estas clases. Según el principio de que las sucesivas variaciones no siempre sobreviven en una edad temprana y únicamente son heredadas a la edad correspondiente, comprendemos con claridad por qué son tan semejantes entre sí los embriones de los mamíferos, aves, reptiles y peces, y tan diferentes las formas adultas. No podemos asombrarnos de que el embrión de un mamífero o de un ave, que respira en el aire, tenga hendiduras branquiales y arterias formando asas, como las de un pez que tiene que respirar el aire disuelto en el agua con el auxilio de branquias bien desarrolladas.

Ayudado a veces por la selección natural, con frecuencia el desuso ha reducido órganos que se han vuelto inútiles con el cambio de costumbres o condiciones de vida; y, según esta teoría, podemos comprender la significación de los órganos rudimentarios. Pero la falta de uso y la selección obrarán sobre el individuo cuando este haya llegado a la edad adulta y tenga que representar todo su papel en la lucha por la existencia, y tienen, por el contrario, poca acción sobre los órganos en los primeros tiempos de la vida; por lo cual un órgano inútil solo aparecerá poco reducido o apenas rudimentario en esta primera edad.

Dentro de la teoría de que cada organismo, con todas sus diversas partes, ha sido creado especialmente, es completamente inexplicable que se presenten con tanta frecuencia órganos que llevan el evidente sello de la inutilidad, como los dientes del feto de la vaca, o las alas plegadas bajo los élitros soldados de muchos coleópteros.

Puede decirse que la naturaleza se ha esforzado en revelarnos su plan de modificación por medio de los órganos rudimentarios y de las conformaciones homólogas y embrionarias; pero nosotros somos demasiado ciegos para comprender su intención.

He recapitulado los hechos y consideraciones que me han convencido por completo de que las especies se han modificado durante una larga serie de generaciones. Esto se ha efectuado principalmente por la selección natural de numerosas variaciones sucesivas, pequeñas y favorables, auxiliadas de modo importante por los efectos hereditarios del uso y desuso de las partes, y de un modo accesorio —esto es, en relación a las conformaciones de adaptación, pasadas o presentes— por la acción directa de las condiciones externas y por variaciones que, dentro de nuestra ignorancia, nos parece que surgen espontáneamente.

No es una objeción válida el que la ciencia hasta el presente no dé luz alguna sobre el problema muy superior de la esencia u origen de la vida. ¿Quién puede explicar lo que es la esencia de la atracción o de la gravedad? Nadie rechaza actualmente el seguir las consecuencias que resultan de este elemento desconocido, la atracción, a pesar de que Leibniz acusó ya a Newton de introducir en la ciencia «propiedades ocultas y milagros».

No veo ninguna razón para que las opiniones expuestas en este libro ofendan los sentimientos religiosos de nadie. Es suficiente, como demostración de lo pasajeras que son estas impresiones, recordar que el mayor descubrimiento que jamás haya hecho el hombre, o sea, la ley de la atracción universal, fue también atacado por Leibniz «como subversiva de la religión natural y, por consiguiente, de la revelada».

Puede preguntarse por qué, hasta hace poco tiempo, los naturalistas y geólogos contemporáneos más eminentes no creyeron en la mutabilidad de las especies; no puede afirmarse que los seres organizados en estado natural no estén sometidos a alguna variación; no puede probarse que la intensidad de la variación en el transcurso de largos períodos sea una cantidad limitada; ninguna distinción clara se ha señalado entre las especies y las variedades bien marcadas; no puede sostenerse que las especies, cuando se cruzan, sean siempre estériles y las variedades siempre fecundas, o que la esterilidad sea un don y una señal especial de creación. La creencia de que las especies eran producciones inmutables fue casi inevitable mientras se creyó que la historia de la tierra fue de corta duración, y ahora que hemos adquirido alguna idea del tiempo transcurrido, propendemos demasiado a admitir sin pruebas que los documentos geológicos son tan perfectos que nos tendrían que haber proporcionado pruebas evidentes de la transformación de las especies, si estas hubiesen experimentado transformación.

Pero la causa principal de nuestra repugnancia natural a admitir que una especie ha dado nacimiento a otra distinta es que estamos siempre poco dispuestos para admitir grandes cambios cuyos grados no vemos. La dificultad es la misma que experimentaron tantos geólogos cuando Lyell sostuvo, por vez primera, que los agentes que vemos todavía en actividad, son los que han formado las grandes líneas de acantilados del interior y han excavado los grandes valles. La mente no puede abarcar toda la significación ni siquiera de la expresión un millón de años; no puede sumar y percibir todo el resultado de muchas pequeñas variaciones acumuladas durante un número casi infinito de generaciones.

¿Hasta dónde, interroga para terminar, se extiende el principio de la evolución? Nos damos cuenta desde entonces por qué ha titulado su libro el *Origen de las especies*. Una vez hecha la prueba de la mutabilidad de las especies, el principio puede ser aplicado a los grupos de mayor extensión, exactamente como cuando Lyell demostró que los pequeños cambios geológicos, tales como aquellos que pudieron ser observados en los siglos precedentes, podían, si continuaban durante períodos mucho más largos, explicar (salvadas todas las proporciones) la mayor parte de los fenómenos geológicos, así como la construcción de las montañas y la emersión o inmersión de los continentes.

¿Hasta dónde, podrá preguntárseme, intenta hacer llegar su doctrina sobre la modificación de las especies? Esta es una pregunta a la cual es difícil contestar porque cuanto más consideramos que las formas son distintas, más disminuyen y pierden su fuerza los argumentos en favor de la comunidad de descendencia. De todas maneras, algunos argumentos tienen una amplia base y un largo alcance. Todos los miembros de clases enteras están ligados los unos a los otros por una cadena de afinidades, y todos pueden, según un mismo principio, estar clasificados en grupos subordinados a otros grupos. Los restos fósiles tienden a veces a rellenar inmensas lagunas entre los órdenes existentes.

Los órganos en estado rudimentario atestiguan claramente que han existido en un estado desarrollado en un antepasado primitivo; hecho que en algunos casos implica modificaciones considerables en sus descendientes. En clases enteras estas conformaciones muy variadas están construidas sobre un mismo plano, y los embriones muy jóvenes se semejan de cerca. No puedo dudar que la teoría de la descendencia con modificaciones no debe comprender todos los miembros de una misma gran clase o de un mismo reino. Creo que todos los animales descienden de cuatro o cinco formas primitivas todo lo más, y todas las plantas de un número igual o incluso menor.

La analogía me conduciría a dar un paso de más, y estaría dispuesto a creer que todos los animales y todas las plantas descienden de un prototipo único; pero la analogía puede ser un guía engañador. De todas maneras, las formas de la vida tienen muchos caracteres comunes: la composición química, la estructura celular, las leyes de crecimiento y la facultad que tienen de estar afectadas por ciertas influencias perjudiciales.

Por lo tanto, según el principio de la selección natural con divergencia de caracteres, no parece imposible que los animales y las plantas hayan podido desarrollarse partiendo de estas formas inferiores e intermedias. Ahora bien, si admitimos este punto, debemos aceptar también que todos los seres organizados que viven o que han vivido sobre la tierra pueden descender de una sola forma primordial. Pero esta deducción, dado que está fundada en la analogía, es indiferente que sea aceptada o no.

Los biólogos modernos están de acuerdo con Darwin para pensar que toda vida existente ha salido de una forma original, pero como esto no ha podido ser totalmente establecido, aprueban también su conclusión circunspecta. Si sobre las bases de los descubrimientos recientes de formas intermediarias, en los caracteres vitales comunes, afirman, yendo mucho más lejos que él, como un hecho indiscutido, que todas las formas superiores de la vida, animales y plantas, tienen un origen único y común, mantienen no obstante una reserva a propósito de las bacterias y de los virus, que podrían acaso tener su origen independiente en la materia inanimada. De todas maneras, están conformes con Darwin para reconocer que esta excepción no tiene ninguna importancia en cuanto la prueba general de la existencia de la evolución: opere en una docena de líneas separadas de descendencia, o en una sola, la evolución sigue siendo una realidad.

Una vez que hemos aceptado la existencia de las modificaciones sucesivas, todos los hechos perturbadores que parecían tan incomprensibles a quienes creían en las creaciones independientes y en la inmutabilidad de los seres organizados, no solo se hacen inteligibles, sino precisamente lo que esperábamos.

Por ejemplo:

> Se puede comparar los órganos rudimentarios a las letras que conservadas en la ortografía de una palabra, a pesar de que son inútiles para su pronunciación, sirven para señalar el origen y la filiación. Podemos sacar la conclusión que tras la doctrina de la descendencia con modificaciones, la existencia de órganos que su estado rudimentario e imperfecto hace inútil, lejos de constituir una dificultad obstaculizadora, como es seguramente el caso en hipótesis ordinaria de la creación, debía por el contrario estar prevista como una consecuencia de los principios que hemos desarrollado.

Veamos ahora la aplicación de las particularidades de la estructura de nuestros propios cuerpos.

> Sabido es que en los brazos del hombre el vello tiende a converger de arriba y de abajo formando una punta

hacia el codo. Esta disposición curiosa, tan diferente de la que se observa en la mayor parte de los mamíferos inferiores, es común al gorila, al chimpancé, al orangután, a algunas especies de hylobates e incluso a algunos monos americanos. Es muy probable que en la mayor parte de los mamíferos, el espesor del pelo y la dirección que afecta sobre la espalda sirvan para facilitar el deslizamiento de la lluvia; los pelos oblicuos de las patas anteriores del perro sirven, sin duda, a este uso, cuando duerme envuelto sobre sí mismo. Mr. Wallace, subraya que en el orangután (del cual ha estudiado cuidadosamente las costumbres), la convergencia de los pelos del brazo hacia el codo sirve para el deslizamiento de la lluvia cuando este animal, siguiendo su costumbre, repliega al llover, su brazo en el aire, para alcanzar una rama de árbol, o simplemente para ponerla sobre su cabeza. Livingstone afirma que el gorila, durante el chubasco, cruza sus manos sobre la cabeza. Si esta explicación es exacta, como parece probable, la disposición del vello sobre nuestro antebrazo sería una singular prueba de nuestro antiguo estado, pues no se puede admitir que nuestro vello tenga hoy ninguna utilidad para facilitar el deslizamiento de la lluvia, uso para el cual tampoco es muy apropiado por su dirección, dada nuestra actitud vertical presente.

Darwin adelanta la hipótesis más plausible sobre nuestro origen.

Si consideramos la conformación embriológica del hombre —las analogías que presenta con los animales inferiores y los rudimentos que conserva— y las reversiones a las cuales está sujeto, podremos reconstruir, en parte, con la imaginación, el estado primitivo de nuestros antepasados, asignándoles aproximadamente el lugar que deben ocupar en la serie zoológica. Por ello sabemos que el hombre desciende de un mamífero velludo provisto de una cola y de orejas puntiagudas, que probablemente vivía sobre los árboles y habitaba el mundo antiguo. Un naturalista que hubiera examinado la conformación de este ser, lo habría clasificado entre los cuadrumanos, tan seguramente como antepasado común y al más antiguo de los monos, en el antiguo y en el nuevo mundo. Los cuadrumanos y todos los mamíferos superiores descienden probablemente de un marsupial antiguo, descendiente, a su vez, a través de una larga línea de formas diversas, de algún ser semejante a un reptil o a un anfibio, que descendía por su parte de un animal semejante a un pez.

Hemos llegado, en general, a ver cierta significación en los métodos que los primeros naturalistas adoptaron casi inconscientemente para obtener un sistema natural de clasificaciones.

Las numerosas semejanzas relativas a las conformaciones sin importancia sobre los órganos inútiles o rudimentarios, o sobre las partes no del todo desarrolladas e inactivas desde el punto de vista funcional, son las más útiles para la clasificación, porque no siendo debidas a las adaptaciones recientes, revelan así las antiguas líneas de descendencia; es decir, aquellas de la verdadera afinidad.

Vamos a ver inmediatamente que estos caracteres no tienen tan gran valor en la clasificación porque el sistema natural no es más que una ordenación genealógica.

No solo las reglas generales, sino las dificultades de la clasificación…

…se explican, a menos que no me engañe, admitiendo que el sistema natural tiene por base la descendencia con modificaciones, y que los caracteres considerados por los naturalistas como indicadores de las afinidades reales entre dos o más especies son aquellos que se deben por herencia, a un pariente común. Toda clasificación verdadera es, pues, genealógica; la comunidad de la descendencia es el lazo escondido que los naturalistas han buscado siempre, sin tener conciencia de ello, bajo el pretexto de descubrir, sea algún plan desconocido de creación, sea para enunciar proposiciones generales o para reunir las cosas semejantes y separar las cosas diferentes.

Los primeros naturalistas, incapaces de explicar el hecho de que tipos totalmente diferentes de animales fósiles se sucedieran durante los períodos genealógicos (tales, por ejemplo, como los extraños reptiles del período secundario sustituidos por los mamíferos, o también los caballos impardigitados del Plioceno por el solípedo actual), suponían que la historia de la tierra había sido señalada por una serie de cataclismos, cada uno de los cuales habría causado una extinción total de la vida, seguida por la creación de nuevas especies. El evolucionista no tiene necesidad de acudir a una teoría tan abracadabrante.

Según la teoría de la descendencia, nada es más cómodo como comprender las afinidades estrechas que se señalan entre los fósiles de formaciones rigurosamente consecutivas, aunque estén consideradas como específicamente distintas. Habiendo estado frecuentemente interrumpida la acumulación de cada formación, y habiendo transcurrido largos intervalos negativos, entre los depósitos sucesivos, no podríamos esperar, como he intentado demostrarlo en el capítulo precedente, hallar en una o dos formaciones cualesquiera, todas las variedades intermediarias entre las especies que han aparecido al principio y al fin de estos períodos; pero debemos encontrar, tras intervalos relativamente cortos, si se les considera desde el punto de vista geológico, pero muy largos, si se les mide por años, las fórmulas estrechamente afines o, como se les ha llamado, las especies representativas. Ahora bien, esto es lo que nosotros comprobamos cotidianamente. En una palabra, encontramos las pruebas de una mutación lenta e insensible de las formas específicas, tal como tenemos derecho a esperar.

Los hechos relativos a la distribución geográfica también son igualmente comprensibles.

En lo que se refiere a la distribución geográfica, si se admite que en el curso inmenso de los tiempos transcurridos ha habido grandes migraciones en las diversas partes del globo, debidas a los numerosos cambios climáticos y geográficos, así como a los numerosos medios ocasionales, en su mayor parte desconocidos, de dispersión, la mayoría de los hechos importantes de la distribución geográfica se hacen inteligibles gracias a la teoría de la descendencia con modificaciones. Comprendemos el paralelismo tan impresionante que existe entre la distribución de los seres organizados en la especie y su sucesión geológica en el tiempo, pues en los dos casos, los seres se unen los unos a los otros, por el lazo de la generación ordinaria y los medios de la modificación han sido los mismos. Comprendemos toda la significación de este notable hecho que ha impresionado a todos los viajeros, es decir, que sobre un mismo continente, en las condiciones más diversas, a pesar del calor o del frío, sobre las montañas o en las llanuras, en los desiertos o en los pantanos, la mayor parte de los habitantes de cada clase han tenido entre ellos relaciones evidentes de parentesco, y descienden, en efecto, de los mismos primeros colonos, sus antepasados comunes.

Y más lejos:

> Partiendo de estos principios es evidente que las diferentes especies de un mismo género, a pesar de que habiten los puntos del globo más alejados, deben tener el mismo origen, puesto que descienden de un mismo antepasado.

Lo que precede dará las grandes líneas de los argumentos de Darwin relativos a la evolución. Durante su viaje en el Beagle, sus observaciones le llevaron a considerar la cuestión de la inmutabilidad de las especies. Los innumerables hechos que recogió durante los veinte años que siguieron no le convencieron tan solo de que estaban sujetos a cambio, sino que le persuadieron de que la mutabilidad se manifestaba en todas partes, en los géneros, familias, órdenes y clases; en otras palabras, que la evolución era evidente y que la descendencia con modificación era la ley de la vida.

Pero no bastaba con afirmar la existencia de esta última, era necesario explicarla. El hombre de ciencia no puede contentarse con simples hechos, quiere comprenderlos. Antes que se hubiera encontrado una explicación natural de las modificaciones sucesivas de los seres organizados, la doctrina de la evolución no era más que una semiteoría; faltaba por descubrir su proceso. Darwin se dio cuenta de ello inmediatamente. En 1837, apenas regresó de sus cinco años de viaje, se puso a redactar las notas sobre el problema de las especies, en las cuales consignaba cada hecho y cada idea que pudiera tener una relación cualquiera con el gran problema de la mutabilidad y lo que la provocaba. Comprendió muy pronto que las variaciones producidas por la domesticación contenían probablemente la clave del problema, puesto que se sucedían mucho más rápidamente que las que se podía observar en la naturaleza, y con la ayuda de investigaciones prolongadas se encontraría verosímilmente lo que las había producido. Procedió primero por vías puramente deductivas, esperando, como escribió más tarde:

> ...que la acumulación de todos los hechos relativos a la variación de los animales y de las plantas en el estado doméstico y de naturaleza, lanzaría un poco de luz sobre el problema entero.
>
> Para este trabajo me inspiré en los principios de Bacon; sin teoría preconcebida, coleccioné los hechos en grande, y más especialmente, aquellos que se referían a las especies domésticas, hice circular los cuestionarios impresos, hablé con hábiles criadores y jardineros, y leí enormemente. En cuanto veo la lista de libros de todas clases que he leído y resumido por escrito, incluyendo las

series completas de diarios y de comunicaciones de sociedades científicas, estoy sorprendido de mi trabajo.

En menos de un año su perspicacia quedaba recompensada.

Advertí rápidamente que la selección representa la clave del éxito que ha reencontrado el hombre para crear razas útiles de animales y plantas.

A continuación, en sus principales obras, confirma esta opinión.

Examinemos ahora la otra parte del problema. Observamos que, en el estado doméstico, los cambios de las condiciones de existencia causan o, por lo menos excitan, una variabilidad considerable, pero a menudo de manera tan oscura que estamos dispuestos a mirar las variaciones como espontáneas. La variabilidad obedece a leyes complejas, tales como la correlación, el uso y el desuso y la acción definida de las condiciones exteriores. Difícil es saber en qué medida nuestras producciones domésticas han sido modificadas, pero no podemos admitir ciertamente que lo hayan sido mucho y que las modificaciones permanezcan hereditarias durante largos períodos. Por mucho tiempo que las condiciones exteriores sigan siendo las mismas, hemos de creer que una modificación hereditaria desde hace muchas generaciones, puede continuar siéndolo todavía durante un número de generaciones, casi ilimitado. Por otra parte, tenemos la prueba de que, cuando la variabilidad ha empezado a manifestarse, sigue actuando durante mucho tiempo en el estado doméstico, pues vemos todavía, ocasionalmente, variedades nuevas que aparecen en nuestras producciones domésticas más antiguas.

El hombre no tiene ninguna influencia inmediata sobre la producción de la variabilidad; expone tan solo, a veces sin desearlo, los seres organizados a nuevas condiciones de existencia, y la naturaleza actúa entonces sobre la organización y la hace variar. Pero el hombre puede escoger las variaciones que la naturaleza le facilita, y acumularlas como desee; adapta así los animales y las plantas a su uso o a sus placeres. Puede operar esta selección metódicamente o solo de una manera inconsciente, conservando los individuos que le son más útiles o que más le gustan, sin ninguna intención preconcebida de modificar la raza. Cierto es que puede influenciar ampliamente los caracteres de una raza, escogiendo en cada generación sucesiva diferencias individuales bastante ligeras, que escapan a los ojos inexpertos. Este procedimiento inconsciente de selección ha sido el agente principal de la formación de las razas domésticas más distintas y más útiles. Las dudas inexplicables en que permanecemos ante el problema de saber si ciertas razas producidas por el hombre son variedades o especies primitivamente distintas, demuestran que poseen, en una amplia medida, los caracteres de especies naturales.

Los aficionados desean siempre que cada carácter sea un poco exagerado; no hacen caso alguno del tipo medio: no buscan tampoco un cambio brusco y muy pronunciado en el carácter de sus razas, y no admiran más que lo que están acostumbrados a ver, deseando ardientemente ver siempre cada rasgo característico desarrollarse más y más.

Desde los tiempos más remotos y entre los pueblos más bárbaros, la selección inconsciente, en el sentido literal de la palabra, ha debido actuar ocasionalmente: los hombres sin pensar en el porvenir, conservando los animales más útiles y matando a los otros. Los salvajes padecen a menudo de falta de alimentos, y a veces ocurre que la guerra los expulsa de los lugares que habitan; es evidente que en semejantes coyunturas intentan salvar los animales más útiles. Cuando los fueguinos se ven obligados por la necesidad, matan a las mujeres más ancianas antes que a sus perros, pues dicen: «las viejas no sirven para nada, mientras que los perros cazan las nutrias». Esta razón les conduce, seguramente, incluso si el hambre se hace más rigurosa, a conservar sus mejores sabuesos. Mr. Oldfield, gran observador de los aborígenes australianos, me informa que «su mayor alegría consiste en obtener un perro europeo cazador de canguros; se conocen muchos casos en que el padre mata a su propio hijo para que la madre pueda amamantar al perrito tan apreciado». Los perros especializados prestan servicios a los australianos para cazar opossums y canguros, y a los fueguinos para atrapar peces y nutrias; así, en las dos regiones, la conservación ocasional de los más útiles conduciría en definitiva, a la formación de dos razas totalmente distintas.

La domesticación era en efecto una clave, pero al principio no revelaba el secreto sino a medias. En su autobiografía, Darwin añade: «¿Cómo puede ser cada la selección a los organismos vivientes en estado primitivo? Esto fue durante mucho tiempo un misterio para mí».

Pero antes de considerar cómo logró generalizar el principio de la selección, debemos tener en cuenta otra posibilidad de los seres organizados: su facultad de adaptación. Los animales y las plantas están acomodados a sus condiciones, no solo en relación con el círculo en el cual viven (la huida ante sus enemigos, la salvaguardia de su alimento y la perpetuación de su especie) sino también gracias a sus órganos internos, por la armonía general de su construcción, por la conveniencia de cada órgano en sus funciones y por la coadaptación de sus diversas partes. ¿Cómo explicar estas adaptaciones? Paley y otros naturalistas estimaban que todo debía obedecer a un plan de creación. Según ellos, la adaptación de los órganos a sus funciones, implicaba una creación, por lo tanto un creador, y las adaptaciones eran necesariamente su obra directa. Darwin a duras penas pudo demostrar que muchos órganos, singularmente los vestigios de estructuras son totalmente inútiles, lo que no honraría a quien los hubiese concebido y destruiría de hecho el argumento de la creación.

Rechazó igualmente con éxito otra tesis.

Los naturalistas señalan como única causa posible de las variaciones, las condiciones exteriores, tales como el clima, la alimentación, etc. Esto puede ser verdad en un sentido muy limitado, como veremos más tarde, pero sería absurdo atribuir a las solas condiciones exteriores la conformación del pico, por ejemplo, cuyas patas, cola, pico y lengua están admirablemente adaptadas para cazar los insectos bajo la corteza de los árboles. Sería absurdo igualmente explicar la conformación del muérdago y sus relaciones con muchos seres organizados distintos, por los solos efectos de las condiciones exteriores, por las costumbres o por la voluntad de la planta misma, cuando se sabe que este parásito saca su alimento de ciertos árboles que producen granos que deben transportar ciertas aves, que tiene flores unisexuadas, lo que necesita la intervención de ciertos insectos para llevar el polen de una flor a otra.

Así, el efecto inmediato de las condiciones exteriores, no basta para aplicar el origen de la adaptación cuyo carácter esencial es la utilidad. Hay que buscar causas más complejas. Darwin expone toda una serie de casos impresionantes, de los cuales citaremos al primero es un ejemplo de mimetismo adquirido con un fin de seguridad.

En cuanto a las aves que viven sobre la tierra, nadie dudará que el tinte de su pluma imita perfectamente el color de aquella. Cuán difícil es ver una perdiz, una chocha, un gallo silvestre, ciertos pardales, calandrias y chotacabras: cuando se echan sobre la tierra. Los animales que habitan los desiertos ofrecen los ejemplos más llamativos de este género: la superficie desnuda del suelo no les da ningún abrigo, y la seguridad de todos los pequeños cuadrúpedos, de todos los reptiles y de todas las aves, depende de su color. Así lo ha subrayado M. Tristram al referirse a los habitantes del Sahara, los cuales están protegidos por su color «arena o isabelino». Por lo que yo he visto en las llanuras de América del Sur, y observado en la mayor parte de las aves de Inglaterra que viven sobre la tierra, me parece que los dos sexos tenían, por lo general, la misma coloración. Me dirigí a M. Tristram para que me informara de las aves del Sahara, y ha sido muy gentil en darme las informaciones que aquí transcribo. Hay veintiséis especies pertenecientes a quince géneros, que tienen un plumaje cuyo color evidentemente les protege. Y esta coloración es tanto más llamativa cuanto que en la mayor parte de estas aves es distinta a la de sus congéneres.

Se explicaba antes la coloración del plumaje por el efecto del clima del desierto, pero las recientes observaciones han debilitado esta hipótesis. En el desierto americano se encuentran aquí y allá afloraciones de lava negra. Ahora bien, mientras los roedores americanos del desierto de arena, llamados Peromyscus, son pálidos, los que se encuentran en la superficie de las afloraciones de lava, son muy oscuros (a pesar del clima idéntico).

Se encuentran los ejemplos más extraordinarios de la adaptación del color y de la forma, imitaciones verdaderamente alucinantes, en los animales inofensivos, expuestos a ser devorados. Revisten la apariencia exterior de especies que no sirven jamás de presa para los otros animales, sea porque tienen un gusto nauseabundo, sea porque gozan de una protección natural. Estas observaciones hechas por Bates acababan de ser conocidas y habían impresionado grandemente a Darwin.

Existe otra curiosa clase de casos en los que la gran semejanza externa no depende de adaptación a costumbres semejantes, sino que procede de una necesidad de protección. Me refiero al modo maravilloso con que ciertas mariposas imitan, según Mr. Bates describió por vez primera, a otras especies completamente distintas. Este excelente observador ha demostrado que en algunas regiones de América del Sur donde, por ejemplo, una *Ithomia* abunda en brillantes enjambres, otra mariposa, una *Leptalis*, se encuentra con frecuencia mezclada en la misma bandada, y esta última se parece tanto a la *Ithomia* en cada raya y matiz de color, y hasta en la forma de sus alas, que Mr. Bates, con la vista aguzada por la recolección durante once años, se engañaba de continuo, a pesar de estar siempre alerta. Cuando se compara a los imitadores y a los imitados, se encuentra que son muy diferentes en su conformación esencial y que pertenecen no solo a géneros distintos, sino con frecuencia a distintas familias. Si este mimetismo ocurriese solo en uno o dos casos, podría haber sido pasado por alto, como una coincidencia extraña. Pero en las regiones donde las *Leptalis* imitan a las *Ithomia*, podemos encontrar otras especies imitadoras e imitadas, pertenecientes a los mismos géneros, cuya semejanza es igualmente estrecha. En conjunto se han enumerado nada menos que diez géneros que comprenden especies que imitan a otras mariposas. Los imitadores y los imitados viven siempre en la misma región: nunca encontramos un imitador que viva lejos de la forma que imita. Los imitadores son casi siempre insectos raros; los imitados, en casi todos los casos, abundan hasta formar enjambres. En el mismo distrito en que una especie de *Leptalis* imita estrechamente a una *Ithomia*, hay a veces otros lepidópteros que remedan la misma *Iptomia*: de manera que en el mismo lugar se encuentran tres géneros de mariposas y hasta una falena, que se asemejan todas mucho a otra mariposa de cuarto género. Merece especial mención el que se puede demostrar, mediante una serie gradual, que algunas de las formas miméticas de *Leptalis*, lo mismo que algunas de las formas imitadas, son simplemente variedades de la misma especie, mientras que otras son indudablemente especies distintas. Pero puede preguntarse: ¿por qué ciertas formas son consideradas como imitadoras y otras como imitadas? Mr. Bates contesta satisfactoriamente esta pregunta haciendo ver que la forma que es imitada conserva los caracteres usuales del grupo a que pertenece; mientras que las imitadoras han cambiado de aspecto exterior y no se parecen a sus parientes más próximos.

Mr. Wallace y Mr. Trimen han descrito también varios casos igualmente notables de imitación en los lepidópteros del archipiélago malayo; y en África, en algunos otros insectos. Mr. Wallace ha descubierto también un caso análogo en las aves; pero no conocemos ninguno en los mamíferos. El ser mucho más frecuente la imitación en los insectos que en otros animales es probablemente una consecuencia de su pequeño tamaño: los insectos no pueden defenderse, salvo las especies provistas de aguijón, y nunca he oído de ningún caso de insectos de estas especies que imiten a otros, aun cuando ellos son imitados; los insectos no pueden fácilmente escapar volando de los animales mayores que los persiguen, y por esto, están reducidos, como la mayor parre de los seres débiles, a recurrir al engaño y al disimulo.

Un gran número de casos de imitación han sido estudiados después por Darwin. Se ha dado cuenta, al analizarlos, de que la semejanza del imitador, tan engañosa como pueda ser, es a menudo únicamente superficial, no tiene en realidad nada de común con su modelo, hecho muy importante para el argumento darwiniano. Diferentes mariposas diurnas y nocturnas imitan, por ejemplo, a las avispas y a los abejorros que tienen alas transparentes. Ciertos imitadores simulan su efecto diáfano perdiendo la mayor parte de sus escamas, otros reduciendo la superficie o relegándolas a los bordes. Muchos escarabajos y chinches copian a las hormigas que están muy protegidas. Imitar la «cintura» de una hormiga presenta alguna dificultad, pero se puede obtener este resultado por el engaño, al hallarse el cuerpo negro protegido por un doble marco claro, de manera que produce la apariencia de un adelgazamiento del cuerpo. Es evidente que ni la similitud de organización, ni la identidad de las condiciones exteriores explicarán tales hechos. Debemos buscar, sin tener en cuenta los medios por los cuales el mimetismo se produce, una causa que tenga un fin utilitario; y la encontramos en la selección natural.

El ejemplo que sigue ilustra una adaptación que asegura el cumplimiento de la cópula.

Muchos crustáceos oceánicos, machos, tienen las patas y las antenas extraordinariamente modificadas para poder agarrar la hembra; de donde podemos determinar que estando estos animales expuestos a ser movidos por las olas, los órganos en cuestión les son absolutamente necesarios para que puedan propagar su especie.

He aquí dos otros casos sacados de uno de sus libros posteriores: *La fecundación de las orquídeas.* Se ocupa en esta obra casi exclusivamente, de las extrañas y a veces increíbles, adaptaciones de que estas flores dan prueba para asegurar la fecundación cruzada. En todas las plantas ordinarias, el polen consiste en un polvo fino y granuloso, pero en muchas orquídeas los granos están aglutinados en dos masas, en forma de maza llamada polinea. Cada una de estas polineas está encerrada en una membrana protectora y provista en su base de un disco viscoso El problema consiste, si así puede decirse, en pegarlos por medio de sus discos al cuerpo de un insecto que viene a visitarle, con el fin de que este, al dirigirse sobre otras flores, ponga las masas de polen en contacto con la superficie viscosa del estigma, que penetrarán para alcanzar el ovario.

En la mayor parte de nuestras orquídeas inglesas comunes, las polineas cuando están arrastradas fuera de sus membranas por el insecto, ejecutan al desecarse un singular movimiento de descenso que las coloca en una posición que hará que en el momento en que la flor siguiente sea visitada, dichas polineas vendrán a golpearse contra el estigma.

De todas maneras, en ciertas especies exóticas el mecanismo es todavía más complicado. Tomemos el caso del *Catasetum*:

> Una rápida inspección de la flor demuestra que aquí, como en las demás orquídeas, es indispensable una intervención mecánica para retirar las masas polínicas y trasportarlas a la superficie del estigma. Además, veremos que las tres formas siguientes del *Catasetum* son plantas machos. Cierto es que para que los granos se produzcan, las masas polínicas deben ser trasportadas sobre plantas hembras. La polinea está provista de un disco viscoso de gran talla; pero este disco, en lugar de ser colocado de tal forma que un insecto que visita la flor tenga la suerte de alcanzarla y de llevársela, es dirigido hacia adentro y adherido a la superficie superior y posterior de una cámara. Nada hay en esta cámara que pueda atraer a los insectos, y aunque entrasen sería difícil que el disco se adhiriera a ellos.
>
> ¿Qué hace pues la naturaleza? Ha dotado a estas plantas de aquello que, a falta de un término mejor, denominaré sensibilidad, y de la considerable facultad de

lanzar violentamente sus polineas a distancia. Por eso, cuando ciertos puntos determinados de la flor son tocados por un insecto, las polineas son lanzadas como las flechas que tuviesen en lugar de barbas una hinchazón muy viscosa. El insecto, turbado por el brusco golpe que recibe, o después de estar saciado de néctar, vuela y se abate, tarde o temprano, sobre la planta hembra; retomando la posición que tenía cuando fue golpeado, la extremidad polinífera de la flecha se introduce en la cavidad del estigma y el polen se une a la superficie viscosa de este órgano. De esta manera he observado que son fecundadas por lo menos cinco especies del género *Catasetum*.

El modo de fertilización de las flores de coriantos, en un género totalmente diferente, es igualmente notable.

Parecería completamente increíble si el doctor Gruger, ex director del Jardín Botánico de Trinidad, observador circunspecto, no hubiera sido testigo en muchas ocasiones. Las flores inclinadas hacia la tierra son muy grandes. La extremidad del labelo de esta orquídea está ahuecada formando un recipiente. Dos apéndices en forma de cuernecillo que salen de la base estrecha del labio inferior (labelo) penden exactamente por encima del recipiente y segregan un líquido abundante que cae gota a gota. Este fluido es límpido y su sabor es tan ligeramente azucarado que no merece ser considerado como néctar, a pesar de que sea evidentemente de la misma naturaleza, tampoco sirve para atraer los insectos. M. Meniére estima que la cantidad segregada por una sola flor suele ser una onza inglesa. Cuando el recipiente está semilleno, el agua se derrama por un canal lateral. El paso es estrecho y la base de la columna[2] forma la bóveda, de manera que un insecto al abrirse camino, frota su dorso primero con el estigma, que es viscoso, y después con las glándulas viscosas de las masas polínicas. Las masas polínicas se pegan así al dorso del insecto. Tras esta breve exposición estamos dispuestos a comprender mejor la relación del doctor Cruger sobre la fecundación del *Coryanthes macrantha*, cuyo labelo está provisto de eminencias carnosas. Debo empezar por decir que me envió abejorros a los que había visto roer las eminencias carnosas por encima del receptáculo, y que pertenecían al género Euglossa. El doctor Cruger declara «que estos insectos pueden ser vistos en gran número disputándose un lugar al borde del vestíbulo que está en la base del labelo». Sea a causa de esta lucha, sea porque están intoxicados, caen en el receptáculo. Se mueven entonces en el agua hacia el lado interior en donde hay un paso para ellos. Se esfuerzan en salir del baño involuntario y

---

2. En todas las orquídeas ordinarias no hay más que un estambre que se pega al carpelo (órgano hembra) para formar la *columna* que contiene el estigma y las masas de polen.

como la extremidad del labelo y la cara de la columna se ajustan exactamente, y son a la vez firmes y elásticos, los abejorros hacen esfuerzos considerables, y el primer sumergido tendrá las glándulas viscosas de las masas polínicas pegadas al dorso. El insecto alcanza generalmente el paso y vuela con su carga suplementaria, para volver casi inmediatamente a volar sobre otra flor o la misma. Si se precipita por segunda vez en el receptáculo, esforzándose en salir y abriéndose un camino a través de la misma abertura, la masa de polen necesariamente se pone en contacto con el estigma que es viscoso y se adhiere a él. A menudo he sido testigo de esta escena, y he observado con frecuencia tan gran número de abejorros como el de una continua procesión saliendo del paso descrito más arriba.

No puede haber la menor duda de que la fecundación de la flor depende únicamente de los insectos que se insinúan a través del paso formado por la base del labelo y por la columna

Si la extremidad profundamente excavada del labelo que hemos llamado «receptáculo» fuese seca, los abejorros podrían tranquilamente escaparse volando. Pero debemos creer que el fluido segregado por los dos cuernecillos en tan gran cantidad, y recogido por el receptáculo, no es néctar, y no sirve para atraer los insectos, ya que estos solo van para roer el labelo, sino que sirve para mojar las alas, obligándoles a salir a través del paso.

Al observar los contrastes que ofrecen las especies doméstica y salvaje, y al comparar sus características, Darwin encontraba en ambas el principio de la utilidad.[3]

Darwin estaba preocupado al observar que la selección hecha por el hombre producía los tipos que necesitaba, mientras que ningún animal, incluso superior, y aun todavía menos, ninguna planta podía cumplir, en relación con sus caracteres fundamentales, semejante selección consciente o deliberada. En medio de sus investigaciones, una feliz casualidad le puso sobre el buen camino. Refirámonos a ello mediante su autobiografía:

> En octubre de 1838, es decir, quince meses después de haber empezado mi investigación sistemática, leí para distraerme el libro de Malthus sobre la población. Estaba bien preparado, por una observación prolongada y continua de las costumbres de los animales y de las plantas, para apreciar la lucha por la existencia que se encuentra en todas partes, impresionándome la idea de que en estas circunstancias las variaciones favorables tendían a estar resguardadas y otras, menos privilegiadas, quedarían destruidas.
>
> El resultado de esto sería la formación de nuevas especies. Por último, llegué a formular una teoría sobre la cual podría trabajar, pero estaba tan deseoso de evitar toda re-

---

3. La palabra *utilidad* se emplea aquí en el sentido más amplio para designar tanto lo que es puramente utilitario como la satisfacción procurada al hombre de gusto por lo bello y lo extraño.

solución tomada de antemano y todo prejuicio que resolví no escribir siquiera la más breve de las notas. En junio de 1842 me concedía por primera vez la satisfacción de redactar un resumen sucinto de mi teoría, el cual fue escrito a lápiz y ocupó treinta y cinco páginas. En el verano de 1844, este resumen se alargó hasta doscientas treinta páginas, que había copiado y que aún están en mi posesión.

He aquí el relato modesto que Darwin hace del descubrimiento del principio de la selección natural, en realidad tan importante como el de Newton sobre las leyes de la gravitación. Este descubrimiento permitía comprender instantáneamente gran número de fenómenos naturales sin relación aparente, embarazosos y hasta entonces inexplicados.

El problema de la selección natural es tan importante que debemos profundizarlo. Su principio es una deducción lógica de dos propiedades: por una parte, la lucha por la existencia, y por otra, las variaciones y su herencia. La lucha por la existencia resulta de la tendencia que tienen todos los seres organizados a multiplicarse en exceso, lo que produce una terrible competencia para el privilegio de la supervivencia. Darwin ha escrito:

Nada más fácil que admitir la verdad de este principio: la lucha universal por la existencia; nada más difícil —hablo por experiencia— que tener siempre presente este principio en el espíritu; ahora bien, a menos que no sea así, o bien no se comprenderá toda la economía de la naturaleza, o bien se errará sobre el sentido que conviene atribuir a todos los hechos relativos a la distribución, a la rareza, a la abundancia, a la extinción y a las variaciones de los seres organizados.

El término «lucha» no debe ser tomado en su sentido literal; Darwin no quería decir que la lucha por la existencia implicase persecuciones, combates y destrucciones.

Debo señalar que empleo el término *lucha por la existencia* en el sentido general y metafórico, lo que implica las relaciones mutuas de dependencia de los seres organizados, y, lo que es más importante, no solo la vida del individuo, sino su aptitud o su éxito para los descendientes. En realidad se puede afirmar que dos animales carnívoros, en tiempo de hambre, luchan el uno contra el otro para procurarse el alimento necesario a su existencia. Pero se llegará a decir que una planta, al borde del desierto, lucha por la existencia contra la sequedad, mientras sería más claro decir que su existencia depende de la humedad. Más exactamente se podría decir que una planta que produce anualmente un millón de semillas, de las cuales una sola por término medio logra desarrollarse y madurar a su tiempo debido, lucha con las plantas de la misma especie o de especies diferentes, que cubren la tierra. El muérdago depende del manzano y de otros árboles; ahora bien, solo en sentido figurado se podrá decir que lucha contra estos árboles, pues si los parásitos se establecieran sobre el mismo árbol en número excesivo, este último languidecería y moriría; pero se puede decir que muchos muérdagos, naciendo conjuntamente sobre la misma rama y produciendo semillas, lucharían el uno contra el otro. Como son las aves las que diseminan las semillas de muérdago, su existencia depende de ellas, y se podrá decir en sentido figurado que el muérdago lucha con otras plantas que tienen frutos, pues importa a cada planta atraer a las aves para que coman los frutos que producen, a fin de diseminar la semilla. Empleo, pues, para mayor comodidad, el término general de *lucha por la existencia* en estos sentidos diferentes que se confunden los unos con los otros.

Hemos de subrayar que las palabras empleadas por Darwin en la frase sobre las plantas del desierto son perfectamente correctas. En efecto, luchan contra la sequedad, desarrollándose, por ejemplo, de manera que previenen la evaporación y hacen posible la provisión de agua.

Un párrafo del texto que sigue demuestra claramente qué importancia tuvieron las ideas de Malthus para el pensamiento biológico.

La lucha por la existencia resulta inevitablemente de la rápida progresión con que tienden a aumentar todos los seres organizados. Todo ser que durante el curso natural de su vida produce varios huevos o semillas, tiene que sufrir destrucción durante algún período de su existencia, o durante alguna estación, pues, de otro modo, según el principio de la progresión geométrica, su número sería pronto tan extraordinariamente grande que ningún país podría mantener el producto. De aquí que como se producen más individuos que los que pueden sobrevivir, tiene que haber en cada caso una lucha por la existencia, ya de un individuo con otro de su misma especie, o con individuos de especies distintas, ya con las condiciones físicas de la vida. Esta es la doctrina de Malthus, aplicada con doble motivo al conjunto de los reinos animal y vegetal, pues en este caso no puede haber ningún aumento artificial de alimentos, ni restricción aportada al matrimonio por la prudencia. Aunque algunas especies puedan estar aumentando numéricamente en la actualidad con más o menos rapidez, no pueden hacerlo todas, pues no cabrían en el mundo.

No tiene excepción la regla de que todo ser organizado se multiplica naturalmente en progresión tan alta y rápida que, si no es destruido, estaría pronto cubierta la tierra por la descendencia de una sola pareja. Aún el hombre, que es lento en reproducirse, se duplica cada veinticinco años, y, según esta progresión, en menos de mil años, su descendencia no tendría literalmente sitio para estar en pie. Linneo ha calculado que si una planta anual produce tan solo dos semillas —y no hay planta tan poco fecunda— y las plantas salidas de ellas producen en el año siguiente dos, y así sucesivamente, a los treinta años habría un millón de plantas. El elefante es considerado como el animal que se reproduce más despacio de todos los conocidos, y me he tomado el trabajo de calcular la progresión mínima probable de su aumento natural; será lo más seguro admitir que empieza a reproducirse a los treinta años, y que continúa hasta los noventa, produciendo en este intervalo seis hijos sobreviviendo hasta los cien años; y siendo así, después de período de 740 a 750 años, habría aproximadamente diecinueve millones de elefantes vivos descendientes de la primera pareja.

Mas sobre esta materia tenemos pruebas mejores que los cálculos puramente teóricos, y son los numerosos casos registrados de aumento asombrosamente rápido respecto a varios animales en estado salvaje, cuando las circunstancias han sido favorables para ellos durante dos o tres estaciones consecutivas. Todavía más sorprendente es la prueba de los animales domésticos de muchas clases que se han hecho salvajes en diversas partes del mundo. Si no se tuvieran datos auténticos acerca de la multiplicación del ganado vacuno y de los caballos (que, sin embargo, se reproducen tan lentamente) en América Meridional y, más recientemente, en Australia no llegarían a creerse las cifras que antes he indicado. Lo mismo ocurre con las plantas; podrían citarse casos de plantas importadas que han llegado a ser comunes en una isla, en un período de menos de diez años. Algunas de estas plantas, tales como el cardo común y algunas otras especies, que son actualmente muy comunes en las vastas llanuras del Plata, cubriendo leguas cuadradas casi con exclusión de toda planta, han sido importadas de Europa; y hay plantas que, según me dice el doctor Falconer, se extienden actualmente en la India desde el cabo Comorín hasta el Himalaya, las cuales han sido importadas de América después de su descubrimiento.

Según Malthus, evidentemente deben existir algunos obstáculos para esta multiplicación potencial, y Darwin emprende su explicación.

Son oscurísimas las causas que limitan la tendencia natural a la multiplicación de cada especie. Consideremos una especie muy vigorosa: cuanto mayor sea el número de individuos de que se compone, tanto más tenderá a aumentar. No sabemos exactamente cuáles son los obstáculos, ni siquiera en un solo caso.

Voy a subrayar algunas observaciones, nada más que para recordar al lector algunos puntos capitales. Los huevos o los animales muy jóvenes parece que generalmente sufren mayor destrucción, pero no siempre es así. En las plantas hay una gran destrucción de semillas; pero de algunas observaciones que he hecho, resulta que las semillas sufren más por desarrollarse en terreno ocupado ya densamente por otras plantas. Las plantas, además, son destruidas en gran número por diferentes enemigos; por ejemplo, en un trozo de terreno de tres pies de largo y dos de ancho, cavado y limpiado, y donde no pudiese haber ningún obstáculo por parte de otras plantas, conté todas las plantas jóvenes de especies indígenas a medida que nacieron, y, de 357, nada menos que 295 fueron destruidas, principalmente por babosas e insectos. Si se deja crecer césped que haya sido bien guadañado –y lo mismo sería con césped ramoneado por cuadrúpedos– las plantas más vigorosas matarán a las menos vigorosas, a pesar de ser plantas completamente desarrolladas; así, de veinte especies que crecían en un pequeño césped segado –de tres pies por cuatro– nueve especies perecieron porque se permitió a otras crecer sin limitación.

La cantidad de alimento determina, no hay ni que decirlo, el límite extremo de la multiplicación de cada especie; pero con mucha frecuencia lo que determina el promedio numérico de una especie no es la dificultad para obtener alimento, sino el servir de presa a otros animales. Así parece que apenas hay duda de que la cantidad de perdices y liebres en un gran campo depende principalmente de la destrucción de las alimañas. Si durante los próximos veinte años no se matase en Inglaterra ni una pieza de caza, y si al mismo tiempo no fuese destruida ninguna alimaña, habría, según toda probabilidad, menos caza que ahora, aun cuando actualmente se matan cada año centenares de miles de piezas. Por el contrario, en algunos casos, como el del elefante, ningún individuo es destruido por animales carnívoros; pues aun el tigre en la India rarísima vez se atreve a atacar a un elefante pequeño protegido por su madre.

Cierto es que el clima desempeña un papel importante en determinar el promedio de individuos de una especie, y las épocas periódicas de frío o sequedad extremos parecen ser el más eficaz de todos los obstáculos para el aumento de individuos. Calculé –principalmente por el número reducidísimo de nidos en la primavera– que el invierno de 1854-1855 había destruido cuatro quintas partes de las aves en mi propia finca; y esta es una destrucción enorme cuando recordamos que el diez por ciento una mortalidad sumamente grande en las epidemias del hombre. La acción del clima parece a primera vista, por completo independiente de la lucha por la existencia; pero hay que recordar que las variaciones del clima obran principalmente reduciendo el alimento, produciendo así la más severa lucha entre los individuos, y de la misma especie, ya de especies distintas, que se alimentan de la misma clase de alimento.

La mayor dificultad que se encuentra para explicar el mecanismo de la lucha por la existencia, reside en las relaciones complejas de las diferentes especies entre sí Por ello, en Surrey, Darwin comprueba con sorpresa que sobre arenales incultos los pinos no crecen más que en los lugares no ramoneados, de donde el ganado está excluido.

Inmediatamente da su famoso ejemplo de gatos y del trébol rojo. Es indispensable para que el trébol rojo produzca semillas que los insectos transporten el polen de una flor a otra.

El abejorro solo visita el trébol rojo porque las otras abejas no pueden alcanzar el néctar. Se afirma que las falenas pueden fecundar estas plantas; pero lo dudo bastante porque el peso de su cuerpo no es suficiente para deprimir los pétalos alados. Podemos considerar como bastante probable que si el abejorro desapareciera o se convirtiera en un género raro en Inglaterra, el pensamiento y el trébol rojo también se convertirían en algo muy raro o desaparecerían completamente. El número de abejorros en un distrito cualquiera depende en gran medida del número de turcones que destruyen sus nidos y sus panales de miel; ahora bien, el coronel Newman, que durante mucho tiempo ha estudiado las costumbres del abejorro, cree que «más de dos tercios de estos insectos quedan así destruidos anualmente en Inglaterra». Por otra parte, todo el mundo sabe que el número de turcones depende esencialmente del de los gatos, y el coronel Newman añade: «He considerado que los nidos de zánganos son más abundantes cerca de los pueblos y en las aldeas, y lo atribuyo al mayor número de gatos que destruyen los turcones». Luego es perfectamente posible que la presencia de un animal felino en una localidad pueda determinar, en esa misma localidad, la abundancia de ciertas plantas merced a la intervención de los ratones y de las abejas.

Un escritor reciente, fácil en ironías, sugirió que Darwin hubiera podido complicar la historia añadiendo solteronas, porque estas notoriamente se dedican a la cría de los gatos. Por regla general...

... la lucha en la lucha siempre debe reproducirse con resultados diferentes; no obstante, en el curso de los siglos, las fuerzas se balancean tan exactamente que la faz de la naturaleza permanece uniforme durante inmensos períodos, a pesar de que seguramente la causa más insignificante basta para asegurar la victoria de tal o tal ser organizado.

Darwin emprende ahora una cuestión importante que, a primera vista, extraña al profano acostumbrado a no señalar la lucha más que en un cierto sentido, a saber: que la competencia es más dura cuando tiene lugar entre formas estrechamente emparentadas.

Las especies pertenecientes al mismo género tienen casi siempre costumbres y constitución casi semejante, a pesar de que existen muchas excepciones en esta regla. La lucha entre esas especies es, pues, más tenaz si se encuentran colocadas en competencia las unas con las otras, que si esta lucha se librara entre especies pertenecientes a géneros distintos. La reciente extensión que ha tomado en ciertas regiones de los Estados Unidos una especie de golondrina que ha causado la extinción de otra especie nos ofrece un ejemplo de ese hecho. El desarrollo del tordo, en algunas zonas de Escocia, ha aumentado la creciente rareza del zorzal. ¡Cuántas veces hemos oído decir que una especie de rata ha desplazado a otra especie anterior bajo climas diversos! En Rusia, la polilla de Asia ha desplazado a su congénere mayor. En Australia, la abeja que hemos importado extermina rápidamente la pequeña abeja indígena desprovista de aguijón. Una especie de mostaza suplanta a otra, y así sucesivamente.

Nos hemos detenido bastante en la primera cuestión que constituye una de las bases sobre la cual se apoya la selección natural. Vamos a pasar a la segunda. Hemos estudiado, en parte, el tema de las variaciones. Nos referimos, sobre todo, a un pasaje anterior que demuestra cómo la variabilidad en las especies salvajes, está generalizada y ofrece caracteres a menudo vivamente pronunciados. Nos falta por examinar hasta qué punto las modificaciones observadas en la naturaleza son transmisibles a la descendencia. Darwin estaba muy preocupado por la ignorancia biológica de su tiempo. «Las leyes que rigen la herencia son, en su mayor parte, desconocidas», escribió. Suponía que no podía afirmarlo completamente y que gran parte de las variaciones observadas en los individuos domésticos o salvajes eran hereditarias, pero ignoraba el proceso de la herencia y sus límites precisos.

Para nosotros no tienen importancia las variaciones que no son hereditarias. Pero es infinito el número y diversidad de desviaciones de conformación hereditaria, sean pequeñas o de considerable importancia fisiológica. El tratado del doctor Prosper Lucas es el más completo y el mejor sobre este asunto. Ningún criador duda de lo enérgica que es la tendencia a la herencia; que lo semejante produce lo semejante es su creencia fundamental; solamente autores teóricos han suscitado dudas sobre este principio. Cuando una anomalía cualquiera de estructura aparece con frecuencia y la vemos en el padre y en el hijo, no podemos afirmar que esta desviación no pueda ser debida a una misma causa que haya actuado sobre ambos; pero cuando entre individuos evidentemente sometidos a las mismas condiciones, alguna rarísima anomalía, debida a la extraordinaria combinación de circunstancias, aparece en el padre –por ejemplo: una vez entre varios millones de individuos– y reaparece en el hijo, la simple doctrina de las probabilidades casi nos obliga a atribuir a la herencia su reaparición. Todo el mundo tiene que haber oído hablar de casos de albinismo, de piel espinosa, de cuerpo cubierto de pelo, etc., que aparecen en varios miembros de la misma familia. Si las variaciones de estructura, raras y extrañas, se heredan realmente, puede admitirse sin reserva que las variaciones más comunes y menos extrañas son estructuras heredables. Quizá el modo justo de ver todo este asunto sería considerar la herencia de todo carácter, cualquiera que sea, como regla, y la no herencia como excepción.

Sería muy largo entrar en los detalles de la teoría moderna de la genética, basada sobre el conocimiento circunstanciado del mecanismo de la herencia. Este conocimiento no ha sido logrado hasta el descubrimiento de las leyes de Mendel en 1900. Ahora son necesarias algunas palabras para mostrar las diferencias fundamentales existentes entre las concepciones forzosamente vagas de Darwin, y las de la biología moderna. Ahora sabemos que hay dos clases de variaciones totalmente distintas. Las desemejanzas en los animales y en las plantas de la misma especie pueden ser causadas por las diferencias de las condiciones exteriores o por sus propias experiencias. Pondremos el ejemplo de la disminución de la talla de las plantas sembradas en una tierra pobre, el espesor de la piel de los zorros en los climas fríos, la coloración de la piel de los hombres expuestos al sol, o el desarrollo muscular de los brazos de los herreros. Todos estos fenómenos pueden provenir igualmente de las diferencias de constitución; las variedades de las plantas enanas, por ejemplo, no se transformarán jamás en grandes especies, los zorros tendrán inevitablemente más pelo que los elefantes, los negros no podrán evitar el ser más pigmentados que los blancos o los hombres robustos cuya fortaleza es innata.

La primera clase de variaciones o *modificaciones*, como las llamaremos de ahora en adelante, son caracteres adquiridos que no pueden transmitirse por herencia; la segunda clase de modificaciones son los caracteres genéticos que se heredan. Una de las dificultades del naturalista proviene de que a menudo no hay criterio para distinguirlas, a pesar de su diferencia, de importancia fundamental en biología; por ejemplo, es imposible, a primera vista, decir si el tinte oscuro de un hombre debe su coloración a su nacimiento o a una exposición prolongada al sol. En las plantas hay algunos casos de enanismo o de adaptaciones particulares a las condiciones de humedad o de sequía; estos caracteres se deben entonces a simples modificaciones y, no obstante, son imposibles de distinguir de aquellos que provienen de la herencia y que permanecen incluso si las condiciones cambian. Por lo tanto, la experiencia debe intervenir en la mayor parte de los casos, para decidir, determinando minuciosamente, cada carácter, la parte debida a las condiciones exteriores y la debida a la herencia. Existen algunas especies que, a pesar de ser genéticamente bastante uniformes, son clones, son extremadamente plásticas y producen, según las condiciones, modificaciones nuevas de todo género, mientras que otras, poseyendo una pequeña plasticidad, ofrecen toda una serie de variaciones genéticas, y otras aun están poco sujetas a variar (es decir, no adquieren caracteres nuevos y no los heredan).

Otro gran proceso ha sido el descubrimiento de las bases físicas de la herencia; la cual está unida, casi exclusivamente, a los cromosomas contenidos en el núcleo de las células del cuerpo (comprendiendo las células sexuales y de reproducción). Los padres, machos y hembras, contribuyen con el mismo material hereditario. Los cromosomas consisten (desde el punto de vista de la herencia) en una cantidad de elementos hereditarios o genes dispuestos en un orden definido. El número de genes, por lo menos en los organismos superiores, es considerable; alcanzan los diez mil. Los genes tienen el poder de reproducirse, y de ese poder depende la herencia, porque asegura que los padres transmitirán a su descendencia los elementos idénticos a los que han determinado sus propios caracteres.

Esta transmisión directa, no obstante, solo se presenta en la reproducción asexuada, como por ejemplo, en las plantas que se reproducen por los retoños o los estolones, o en un cierto género de partenogénesis. Cada célula ordinaria contiene un doble material hereditario: dos grupos de cromosomas y de genes, mientras que las células sexuales, que se unen durante el acto de la fecundación, no contienen más que un grupo único. Denominamos diploide a la condición doble (2n) y haploide (n) a la condición simple. Cuando las células ordinarias del cuerpo se reparten, los cromosomas se dividen longitudinalmente con el fin de que cada nueva célula posea un material hereditario idéntico. De todas maneras, durante la formación de la célula haploide, procesos complicados aseguran primero que cada célula no contenga más que una muestra de cada gen; por lo tanto, un material hereditario completo; a continuación, este único material contendrá porciones de los dos materiales que están en las células diploides. En resumen, la célula haploide contiene bloques de genes del padre así como de la madre. Si se comparan los materiales hereditarios paternos y maternos a dos paquetes de cartas, uno rojo y el otro azul, las células sexuales no serán nunca (salvo algunas excepciones sin importancia), enteramente azules o enteramente rojas; a pesar de que contienen una carta de cada especie, presentarán los reversos mezclados de azul y rojo, en un matiz que casi nunca será idéntico.

Los genes influencian el proceso del desarrollo y muchos de ellos sirven para la producción de un solo carácter. Las variaciones o modificaciones no heredables influencian solo los procesos de desarrollo que afectan a la expresión de los genes, no a su misma naturaleza. Cuando abordemos las variaciones hereditarias, desde un principio debemos distinguir dos géneros radicalmente distintos: las variaciones debidas a una combinación nueva y las que se deben a la mutación. Empezaremos por las segundas que pueden ser de diversas clases, motivadas, por ejemplo, por un cambio en la naturaleza de un solo gen el cual se reproduce en su nueva condición modificada.[4]

_____

4. Recientemente se ha descubierto que los cambios en la posición respectiva de los genes, causados por la ruptura y la reorganización de las secciones de cromosomas, pueden producir efectos semejantes a las reales

Las mutaciones de un solo gen pueden engendrar consecuencias más o menos extensas, desde la modificación muy ligera del color de un ojo o las nervaduras del ala de un insecto, pasando por el albinismo, o el caso de un dedo humano que se compone de dos articulaciones en lugar de tres, para llegar a las consecuencias fatales que impiden el desarrollo de un individuo.

Por otra parte, se pueden ganar o perder grupos enteros de cromosomas. En efecto, se han encontrado diferentes métodos experimentales para hacer nacer dobles cromosomas en ciertas plantas. Por este procedimiento, variedades tetraploides (4n) pueden ser engendradas por formas ordinarias diploides (2n). Pero siempre se ha encontrado que sus caracteres difieren ligeramente. Simples cromosomas pueden igualmente estar añadidos o cercenados, o incluso, partes de cromosomas (es decir, bloques de genes) pueden quedar influenciados. Una sección puede ser separada, doblada, invertida o transportada a una nueva posición. Estos cambios tendrán efectos característicos sobre la descendencia.

Los animales y las plantas que han sido cuidadosamente analizados durante muchas generaciones sucesivas, ofrecen signos de mutaciones graduales, a pesar de ser poco frecuentes, y a menudo de naturaleza tan ligera

---

mutaciones de un gen. Naturalmente, este nuevo estado de cosas también será hereditario.

que sea necesario para descubrirlas condiciones experimentales rigurosas y ojos expertos.

Hoy en día somos capaces de producir mutaciones artificiales, no solo con la ayuda de los rayos X, o de otras formas de radiación, sino también por otros medios. De todas maneras, ignoramos aún lo que se esconde entre las mutaciones «espontáneas» observadas en los cultivos experimentales y en la naturaleza.

Sea cual fuere la causa, la mutación existe y constituye, bajo la forma de todas las variaciones hereditarias o nacientes, la materia bruta necesaria para la evolución.

La mutación determina igualmente una condición que es causa de otro género de variaciones hereditarias. Gracias a ella, diversas formas distintas de un mismo género de genes pueden ser y son a menudo presentadas entre el material hereditario de las especies. Para volver a nuestra metáfora de los naipes, admitamos que un naipe cualquiera, digamos el *diez de espadas*, pueda ligeramente cambiar de valor y que pueda haber potentísimos, potentes, ordinarios, débiles o muy débiles *dieces de espadas*, en lugar de *dieces de espadas* idénticos.

Expuesto esto, la mezcla y la organización nueva que acompaña a la formación de células sexuales haploides produce siempre nuevas combinaciones entre los genes existentes. En una de sus experiencias clásicas, Mendel cruzó una especie gigante de guisante de semillas amarillas con una especie enana de semillas verdes. En generaciones ulteriores no solo obtuvo las dos combinaciones originales de caracteres, sino dos nuevas, una gran planta de semillas verdes, y una enana de amarillas, y de estas dos últimas pudo establecer un tipo puro. Los genes conocidos bajo el nombre de recesivos presentan un género de combinaciones nuevas muy simples pero importantes desde el punto de vista biológico. Son formas de genes cuyos efectos están marcados por sus compañeros normales. El albinismo es un buen ejemplo. Cruzad una rata blanca de ojos rojos con un tipo de una raza coloreada: las crías serán coloreadas y la variedad blanca parece que haya desaparecido. Pero la acción del gen albino tan solo ha sido enmascarada por el vigor mayor de la raza coloreada, pues en las generaciones siguientes, los albinos reaparecerán todas las veces que dos genes albinos se encuentren en un huevo fecundado. Bien conocido es que los hombres albinos tienen una tendencia a aparecer esporádicamente entre los descendientes de personas normalmente pigmentadas: En un caso semejante los padres aportaron cada uno un gen albino, y el hijo es el resultado de estos genes de dosis doble.

Cuantos más pares de genes diferenciados sean llevados a un cruzamiento, más crece el número de nuevas combinaciones posibles. En el caso más sencillo, donde un miembro de cada par es recesivo, se multiplica por 2. Con dos pares de genes diferenciados, 2^2 o 4 combinaciones nuevas son posibles; con tres, 2^3 u 8; con diez, 2^{10} o 1024; y con veinte (cifra que puede fácilmente ser alcanzada en los grandes cruzamientos), 2^{20} o más de un millón. Puesto que los genes tienen una acción unos sobre los otros y actúan recíprocamente en toda clase de direcciones a menudo sorprendentes, los cruzamientos entre dos tipos muy vecinos producirán un gran número de tipos nuevos, algunas veces dotados de cualidades llamativas e importantes. Todas las especies salvajes parecen poseer suficientes genes diferenciados para constituir una gran reserva de variaciones por combinaciones nuevas, totalmente aparte de las mutaciones en vías de formación.

Darwin no conocía nada de este género de variaciones, a pesar de que tenían evidentemente un gran papel en la naturaleza. En cuanto a nosotros, nos importa simplemente comprobar que las variaciones hereditarias existen, a pesar de que él ignorara su esencia precisa. Existen en cantidad razonable, incluso si una buena parte de las mutaciones que se encuentran en la naturaleza no son hereditarias de ninguna manera.

De estos dos puntos establecidos, podemos deducir la existencia de la selección natural. Darwin, en el curso de sus obras, da muchas explicaciones y definiciones bastante diferentes del principio. Su exposición preliminar empieza así:

> Gracias a esta lucha, las variaciones, por débiles que sean y de cualquier causa que provengan, tienden a preservar los individuos de una especie y se transmiten

ordinariamente a su descendencia, en cuanto son útiles a esos individuos en sus relaciones infinitamente complejas con otros seres organizados y con las condiciones físicas de la vida. Los descendientes tendrán también, en virtud de este hecho, mayor probabilidad de persistir; pues con relación a los individuos de una especie cualquiera, nacidos periódicamente, un número muy pequeño es el que puede sobrevivir. He dado a este principio, en virtud del cual una variación por insignificante que sea se conserva y se perpetúa, si es útil, el nombre de *selección natural,* para indicar las relaciones de esta selección con aquella que el hombre puede realizar. Pero la expresión que emplea a menudo M. Herbert Spencer: «la persistencia del más apto», es más exacta y algunas veces más amplia. Hemos visto que, merced a la selección, el hombre puede en realidad obtener grandes resultados, y adaptar los seres organizados a sus necesidades, acumulando las variaciones ligeras pero útiles que le son facilitadas por la naturaleza. Pero la selección natural, como veremos más tarde, es un poder siempre dispuesto a la acción; poder tan superior a los débiles esfuerzos del hombre como las obras de la naturaleza son superiores a las del arte.

En el capítulo siguiente la define de nuevo, pero más completamente, y respondiendo a ciertas objeciones despertadas por su terminología.

Hay que recordar cuán complejas y cuán estrechas son las relaciones de todos los seres organizados, los unos con los otros, y con las condiciones físicas de la vida, y, por lo tanto, qué ventajas puede obtener cada uno de ellos de las diversas conformaciones infinitamente variadas, dadas las diferentes condiciones de vida. ¿Hay que sorprenderse, pues, cuando se ve que las variaciones útiles al hombre se han producido en realidad?; ¿qué otras variaciones, útiles al animal en la grandiosa y terrible batalla de la vida, se producen en el transcurso de numerosas generaciones? Admitido este hecho ¿podemos dudar (no hay que olvidar jamás que nacen muchos más individuos que los que pueden vivir) que los individuos que poseen una ventaja cualquiera, por ligera que sea, tienen la mejor posibilidad de vivir y de reproducirse? Podemos estar seguros, por otra parte, que toda variación, por escasamente perjudicial que sea al individuo, forzosamente lleva en sí la desaparición de este. He dado el nombre de *selección natural* o *persistencia del más apto*, a esta conservación de las diferencias y las variaciones individuales favorables a esta eliminación de variaciones perjudiciales. Las variaciones insignificantes, es decir, las que no son ni útiles ni perjudiciales al individuo, están poco afectadas, en realidad, por la selección natural y permanecen en el estado de elementos variables como los que observamos en ciertas especies polimorfas, o terminan por fijarse gracias a la naturaleza del organismo y a las condiciones de su existencia.

Muchos escritores han comprendido mal y han criticado erróneamente este término de *selección natural*. Los unos incluso han imaginado que la selección natural conduce a la variación, mientras que por lo contrario implica la conservación de las variaciones accidentalmente producidas, cuando son ventajosas para el individuo en las condiciones de existencia donde se halle colocado. Nadie protesta contra los agricultores cuando hablan de los poderosos efectos de la selección realizada por el hombre; ahora bien, en este caso es indispensable que la naturaleza produzca primero las diferencias individuales que el hombre escoge con un propósito cualquiera. Otros han pretendido que el término *selección* implica una elección consciente por parte de los animales que se modifican, e incluso han añadido que en las plantas, que carecen de voluntad, la selección natural no puede ser aplicada. En el sentido literal de la palabra no es dudoso que el término *selección natural* sea un término equivocado, pero ¿quién ha criticado nunca a los químicos porque se sirven del término afinidad electiva hablando de los diferentes elementos? No obstante, no es posible decir, hablando estrictamente, que el ácido escoja la base con la cual se combina de preferencia. Se ha dicho que hablo de la selección natural como de un poder activo o divino, pero ¿quién critica a un autor cuando habla de la atracción o de la gravitación presidiendo los movimientos de los planetas? Todos saben lo que significan y lo que implican estas expresiones metafóricas, necesarias a la claridad de la discusión.

Dos puntos merecen ser comentados. La exposición de Darwin es rigurosa. No cree que la selección natural conduzca a la variabilidad, sino que actúa tan solo sobre ella. Antes de que las variaciones hereditarias se produzcan no puede actuar. A este propósito algunos escritores modernos parecen haber menospreciado voluntariamente el pensamiento de Darwin.

El segundo punto es secundario; concierne a las «variaciones ni útiles ni perjudiciales». Parece que Darwin les concedía demasiada importancia. En ciertos casos son lo que él denominaba variaciones correlativas. Acompañan siempre a un cambio útil pero difícil de descubrir. En otras ocasiones, facilitan una reserva de variabilidades para reaccionar contra las condiciones cambiantes. El polimorfismo es un tema especial extremadamente complejo que no podemos abordar aquí. De todas maneras, sabemos que la idea de Darwin sobre los caracteres que acabarían por «fijarse», fuera de la selección, era errónea. La fijación de un tipo no puede ser causada por un efecto largo y continuo de las condiciones de la existencia, pero llega a producirse por el hecho de una casualidad, en las especies poco numerosas.

Se esfuerza en demostrar la acción extremadamente lenta de la selección natural que facilita a la biología el mismo principio de uniformismo (doctrina opuesta a la de los cataclismos) que Lyell ha introducido con tanto éxito en geología.

Bien sé yo que esta doctrina de la selección natural, basada en los ejemplos que acabo de citar, puede provocar las objeciones que antes se habían opuesto a las magníficas hipótesis de sir Charles Lyell, cuando quiso explicar las transformaciones geológicas por la acción de las causas actuales. De todas maneras, es raro que se intenten hoy considerar como insignificantes las causas que vemos aún en acción bajo nuestros ojos, cuando se las emplea en explicar la excavación de los más profundos valles o la formación de largas líneas de dunas interiores. La selección natural no actúa más que por la conservación y la acumulación de pequeñas modificaciones hereditarias, cada una de las cuales es aprovechable por el individuo conservado. Ahora bien, de la misma manera que la geología moderna, cuando se trata de explicar la excavación de un profundo valle, renuncia a explicar la hipótesis de una única ola diluviana, de la misma manera también, la selección natural tiende a hacer desaparecer la creencia de la creación continua de nuevos seres organizados, o en grandes y bruscas modificaciones de su estructura.

Por último, al final de su capítulo sobre la selección natural, da un excelente resumen de su concepción.

Si, en medio de las condiciones cambiantes de la existencia, los seres organizados presentan diferencias individuales en casi todas las partes de su estructura, y este punto no es discutible; si se produce entre las especies, en razón de la progresión geométrica del aumento de los individuos, una seria lucha por la existencia en una cierta edad, en un cierto período, o durante una época cualquiera de su vida, y este punto no es desde luego discutible; entonces, teniendo en cuenta la infinita complejidad de las relaciones mutuas de todos los seres organizados y de sus relaciones con las condiciones de su existencia, lo que causa una diversidad infinita y favorable de las estructuras, de las constituciones y de las costumbres, sería muy extraordinario que no se hubiesen producido jamás las variaciones útiles para la prosperidad de cada individuo, de la misma manera que se produjeron tantas variaciones útiles al hombre. Pero si esas variaciones útiles para un ser organizado cualquiera se presentan alguna vez, seguramente los individuos que las han experimentado tienen las mayores probabilidades de vencer en la lucha por la existencia; luego, en virtud del principio tan potente de la herencia, estos individuos tienden a dejar descendientes que poseen su mismo carácter. He dado el nombre de selección natural a este principio de conservación o de persistencia del más apto. Este principio conduce al perfeccionamiento de cada criatura, en la relación con las condiciones orgánicas e inorgánicas de su existencia; y, en consecuencia, en la mayor parte de los casos, esto se puede considerar como un progreso de la organización. Sin embargo, las formas simples e inferiores persisten durante mucho tiempo cuando están bien adaptadas a las condiciones poco complejas de su existencia.

Un punto que no debemos pasar en silencio es el efecto importante que tendrá casi siempre la selección natural de mantener un tipo continuo, más bien que de producir un cambio. Esto no se logra, evidentemente, más que cuando las especies están ya bien adaptadas, y cuando las condiciones exteriores, físicas y biológicas, no cambian. Es bastante curioso que Darwin no haya subrayado esta función importante de la selección. Le interesaba probablemente más demostrar las posibilidades inherentes de prolongar el cambio, dado que la inmutabilidad era el dogma de sus adversarios.

Los párrafos siguientes demostrarán más en detalle cómo Darwin concebía la operación y los efectos de la selección natural. En primer lugar, suponía que esa selección conduciría inevitable y universalmente a un perfeccionamiento biológico.

La selección natural actúa exclusivamente por medio de la conservación y la acumulación de las variaciones que son útiles a cada individuo en las condiciones orgánicas e inorgánicas donde puede encontrarse colocado en todos los períodos de la vida. Todo ser, y este es el objetivo final del progreso, tiende relativamente a perfeccionarse cada vez más en esas condiciones. Este perfeccionamiento conduce inevitablemente al progreso gradual de la organización del más grande número de seres vivientes en el mundo entero. Pero abordamos aquí un tema bastante complicado, pues los naturalistas todavía no han definido de manera satisfactoria para todos lo que se debe entender por «un progreso de la organización».

Admitimos evidentemente el progreso en la especialización o en el desarrollo de los conocimientos, pero no parece ser universal. Darwin, de todas maneras, lo reconocía así.

Podrá preguntarse: ¿si todos los seres organizados tienden a elevarse en la escala, cómo existe todavía en el mundo una muchedumbre de formas inferiores? ¿Cómo es posible que haya aún en cada gran clase formas mucho más desarrolladas que ciertas otras? ¿Por qué las formas perfeccionadas no han suplantado y exterminado en todas partes las formas inferiores?

Nuestra teoría de la existencia persistente de las organizaciones inferiores no ofrece ninguna dificultad; en efecto, la selección natural, o la persistencia del más apto, no comporta necesariamente un desarrollo progresivo, se apodera tan solo de las variaciones que se presentan y que son útiles a cada individuo en las relaciones complejas de su existencia. Y, ¿podríamos determinar qué ventaja habría, según nuestro juicio, para un infusorio, para un gusano intestinal o incluso para un gusano de tierra, en la adquisición de una organización superior? Si esta ventaja no existe, la selección natural mejora muy poco esas formas, y las deja, durante períodos infinitos, en sus condiciones inferiores actuales.

No comprendió que de esa competencia podían resultar, en ciertos casos y a la larga, efectos inútiles y perjudiciales. Estos se producen, efectivamente, cuando hay competencia en el interior de las especies, entre diferentes individuos o grupos. Un género de individuos sobrevive y el otro se destruye, pero la especie, como especie, no aprovecha nada, y a veces eso mismo puede perjudicarla. Los casos más impresionantes son aquellos en que los machos pueden apoderarse de muchas hembras mediante demostraciones amorosas y por la ostentación de sus adornos. Es singular, de todas maneras, comprobar que los caracteres de los adornos a veces son llevados muy lejos, en la cola del pavo o en los cuernecillos de un ciervo, por ejemplo, que se transforman en un obstáculo en la lucha ordinaria por la existencia. Lo mismo ocurre con los hombres; las luchas entre las clases y las naciones son inútiles, o incluso (como en el caso de los armamentos intensivos) perjudiciales al progreso de la civilización. En su libro *Las causas de la evolución*, J. B. S. Haldane hace un estudio profundo de estos aspectos de la selección intraespecífica.

Darwin estudia muy bien la extrema lentitud con que la selección natural actúa sobre la evolución.

Acepto por completo que la selección natural se hace por lo común con extremada lentitud. No puede actuar más que cuando hay, en la economía natural de una región, puestos vacantes que estarían mejor cubiertos si algunos de los habitantes sufrieran determinadas modificaciones. Estas lagunas se producen con más frecuencia a raíz de cambios físicos, que casi siempre se realizan muy lentamente, y a condición de que algunos obstáculos se opongan a la inmigración de formas mejor adaptadas. De todas maneras, a menudo, cuando algunos de los antiguos habitantes se modifican, las relaciones mutuas de casi todos los demás deben cambiar. Esto solo basta para crear lagunas que pueden llenar formas mejor adaptadas; pero esa es una operación que se realiza muy lentamente. A pesar de que todos los individuos de la misma especie difieren algo los unos de los otros, suele necesitarse mucho tiempo antes de que se produzcan variaciones ventajosas en las diferentes partes de la organización; además, el libre cruzamiento retarda muy a menudo los resultados que se podrían obtener. No faltará quien me objete que estas diversas causas son más que suficientes para neutralizar la influencia de la selección natural. No lo creo. De todas maneras admito que la selección natural no actúa más que muy lentamente, y solo en prolongados intervalos, y únicamente sobre algunos habitantes de una misma región. Creo además que estos resultados, lentos e intermitentes, concuerdan perfectamente con lo que la geología nos enseña sobre el desarrollo progresivo de los habitantes del mundo.

Como la selección natural no actúa más que acumulando variaciones ligeras, sucesivas y favorables, no puede producir modificaciones considerables o súbitas; no puede actuar más que a pasos lentos y breves. Esta teoría hace fácil la comprensión del axioma que dice: *Natura non facit saltum*, pues cada nueva conquista de la ciencia demuestra, de día en día, la verdad. Vemos todavía, cómo, en toda la naturaleza, el mismo objetivo general es alcanzado por una variedad casi infinita de medios; pues toda particularidad, una vez adquirida, es por mucho tiempo hereditaria, y las conformaciones ya diversificadas de muchas maneras, deben adaptarse a un mismo fin general. Vemos, en una palabra, por qué la naturaleza es pródiga de variedades, a pesar de ser avara de innovaciones. Ahora bien, ¿por qué existiría esta ley si cada especie hubiese sido creada independientemente? Es lo que nadie sabría explicar.

Se puede decir, metafóricamente, que la selección natural busca, a cada instante y en el mundo entero, las variaciones más ligeras; rechaza aquellas que son perjudiciales, conserva y acumula aquellas que son útiles; trabaja en silencio, insensiblemente, por todas partes y constantemente, en cuanto la ocasión se presenta, para mejorar todos los seres organizados en relación con sus condiciones de existencia orgánica e inorgánica. Estas lentas y progresivas transformaciones nos escapan hasta que, en el decurso de los años, la mano del tiempo las marca con su huella, y entonces nos damos muy poca cuenta de los largos períodos geológicos trascurridos, y hemos de contentarnos con decir que las formas vivientes son hoy distintas de lo que fueron en otras épocas.

Las investigaciones geológicas modernas han confirmado plenamente este aserto. Tenemos la costumbre de contar por años y por siglos, pero en la escala del tiempo geológico, un siglo puede ser comparado a un segundo de nuestro reloj. Si se toma esta base de comparación, una hora nos conducirá a medio camino de la época glacial, y un día de nuestro tiempo será el equivalente de más de ocho millones y medio de años de evolución. No obstante, este lapso no nos conducirá más que al principio del Plioceno, es decir, que solo habremos recorrido una pequeña fracción del tiempo necesario para la evolución del caballo. No debemos ser impacientes para ver producirse bajo nuestra mirada modificaciones importantes. Sería tanto como si confiáramos ver de segundo en segundo una diferencia en el crecimiento de una planta.

Darwin tiende a subrayar que los efectos de la selección, bajo la forma de la adaptación, de la especialización y del progreso en general, son siempre relativos: la simple idea de una perfección biológica absoluta está desprovista de sentido.

La selección natural tiende tan solo a conseguir que cada ser organizado sea perfecto, o un poco más perfecto que los otros habitantes del mismo país, con los cuales se halla en competencia. Esto es, sin réplica, el máximo de la perfección que puede producirse en estado de naturaleza. Las producciones indígenas de Nueva Zelanda, por ejemplo, son perfectas si se las compara las unas con las otras, pero hoy ceden terreno y desaparecen rápidamente ante las legiones invasoras de plantas y animales importados de Europa. La selección natural no produce la perfección absoluta, y a nuestro juicio no es en el estado natural donde encontraremos estos altos grados.

Al contrario, aquel que crea en la lucha por la existencia y en el principio de la selección natural, reconocerá que cada ser organizado intenta constantemente multiplicarse en número; sabe además que, si un ser varía, por poco que sea, en sus costumbres y en su conformación, y obtiene así una ventaja sobre cualquier otro habitante de la misma localidad, se apodera del lugar de este último, cualquiera que sea la diferencia que pueda haber con la que el mismo ocupa.

Se hicieron muchas críticas sobre este particular y Darwin demostró que carecían de fundamento. En el número de objeciones que se le hicieron, muchas emanan de autores que no se han tomado siquiera la molestia de comprender el tema. Así, un distinguido naturalista alemán afirma que la parte más débil de mi teoría reside en el hecho de que yo considero a todos los seres organizados como imperfectos. Ahora bien, lo que yo he dicho realmente es que no todos son tan perfectos como podrían serlo en relación a sus condiciones de existencia; y lo demuestran las numerosas formas indígenas que han cedido en muchas partes del mundo su puesto a los intrusos extranjeros.

La duración de una especie estará en relación con la rapidez con que se desarrollen sus competidores o sus enemigos.

A pesar de que la naturaleza concede largos períodos al trabajo de la selección natural, no hay que creer, de todas maneras, que este plazo sea infinito. En efecto, todos los seres organizados luchan para apoderarse de los puestos vacantes en la economía de la naturaleza; por lo tanto, si una especie, la que sea, no se modifica ni se perfecciona tan rápidamente como sus competidoras, será exterminada.

Darwin se da perfecta cuenta de las dificultades con que tropezaba su teoría. Hemos acogido los párrafos siguientes sobre las hormigas y las abejas obreras y estériles para dar un ejemplo de la escrupulosa imparcialidad con que estudia sus temas.

Me limitaré a una dificultad muy especial que, al principio, me parecería insuperable y nefasta para toda mi teoría. Quiero hablar de los neutros o hembras estériles de las comunidades de insectos. Estos neutros, en efecto, tienen a menudo instintos y una conformación muy diferente de la de los machos y de las hembras fecundas y, no obstante, vista su esterilidad, no pueden propagar su raza.

No hemos llegado todavía a la cumbre de la dificultad, o sea al hecho de que las neutras de varias especies de hormigas difieren no solo de los machos y hembras fecundas, sino también entre sí, a veces en un grado casi increíble, y están de este modo divididas en dos y aun en tres castas. Las castas, además, no se confunden unas con otras, sino que están perfectamente definidas, siendo tan distintas entre sí como lo son dos especies del mismo género o más bien dos géneros de la misma familia. Así en los *Eciton* hay neutras obreras y neutras soldados, con mandíbulas e instintos extraordinariamente diferentes; en los *Crytocerus* solo las obreras de una casta llevan sobre la cabeza una extraña especie de escudo, cuyo uso es completamente desconocido; en los *Myrmecocystus* de México, las obreras de una casta nunca abandonan el nido, y son alimentadas por las obreras de otra casta, y tienen enormemente desarrollado el abdomen que segrega una especie de miel, la cual reemplaza la excretada por los pulgones —el ganado doméstico, como podría llamárseles— que nuestras hormigas europeas guardan y aprisionan.

En realidad, puede creerse que tengo una confianza presuntuosa en el principio de la selección natural al no admitir que estos hechos maravillosos y confirmados aniquilen de una vez mi teoría. En el caso más sencillo de insectos neutros todos de una casta, que, en mi opinión, se han diferenciado mediante selección natural de los machos y hembras fecundos, podemos, por analogía con las variaciones ordinarias, llegar a la conclusión de que las sucesivas y pequeñas variaciones útiles no aparecieron al principio en todos los neutros del mismo nido, sino solamente en unos pocos, y que por la supervivencia de las sociedades que tuviesen hembras que produjesen el mayor número de neutros con modificación ventajosa, llegaron por fin los neutros a presentar todos el mismo carácter. Según esta opinión tendríamos que encontrar accidentalmente en el mismo nido insectos neutros que presentasen gradaciones de estructura, y esto es lo que ocurre, incluso con bastante frecuencia, si consideramos que pocos insectos neutros han sido estudiados fuera de Europa. Mr. F. Smith ha demostrado que las neutras de varias hormigas de Inglaterra difieren entre sí sorprendentemente en tamaño y, a veces, en color, y que las formas extremas pueden enlazarse mediante individuos tomados del mismo hormiguero; yo mismo he comprobado gradaciones perfectas de esta clase. A veces ocurre que las obreras del tamaño máximo o mínimo son las más numerosas, o que tanto las grandes como las pequeñas son numerosas, mientras que las de tamaño intermedio son escasas. La *Formica fiara* tiene obreras grandes y pequeñas, con un corto número de tamaño intermedio, y en esta especie, como ha observado Mr. F. Smith, las obreras grandes tienen ojos simples (ocelos), los cuales, aunque pequeños, pueden distinguirse claramente, mientras que las obreras pequeñas tienen ocelos rudimentarios. Una disección atenta de varias obreras me ha demostrado que los ojos son, en las pequeñas, mucho más rudimentarios de lo que podría esperarse de la inferioridad de su talla, y creo, sin que pueda afirmarlo de una manera positiva, que las obreras de talla media tienen también ojos que presentan caracteres intermedios. Tenemos, pues, en estos casos dos grupos de obreras estériles en un mismo nido que difieren no solo por la talla, sino también por los órganos de la visión, estando unidas por algunos individuos que presentan caracteres intermedios.

En presencia de estos hechos creo que la selección natural, al actuar sobre las hormigas fecundas, ha podido dar lugar a la formación de una especie que produce regularmente neutras muy grandes, con mandíbulas que tienen una conformación diferente o, en fin, y esto es el máximo de la dificultad, a obreras de un tamaño y de una estructura dada, y simultáneamente a otras obreras diferentes bajo otros aspectos; al principio ha debido constituirse una serie graduada como ocurre en el caso del *anomma*, después se han desarrollado las formas extremas en número cada vez más considerable, gracias a la persistencia de los antecesores que las procrearon, hasta que al fin la producción de las formas intermedias cesó.

A mi parecer acabo de explicar cómo se ha originado el asombroso hecho de que existan en el mismo hormiguero dos castas claramente definidas de obreras estériles, que difieren no solo entre sí, sino también de sus antecesores. Podemos ver lo útil que debe haber sido su producción para una comunidad social de hormigas, por la misma razón que la división del trabajo es útil al hombre civilizado. Las hormigas, sin embargo, trabajan mediante instintos heredados y mediante órganos o herramientas heredados, mientras que el hombre trabaja con conocimientos adquiridos e instrumentos manufacturados. Pero he de confesar que, con toda mi fe en la selección natural, nunca hubiera esperado que se pudiese llegar a tan importantes resultados si no me hubiera convencido el ejemplo de los insectos neutros.

Estoy sorprendido de que nadie hasta ahora haya presentado este caso tan demostrativo de los insectos neutros, en contra de la famosa doctrina de las costumbres heredadas, enunciada por Lamarck.

El biólogo de hoy se sorprende de que Darwin haya considerado que esta es una de las dificultades más serias encontradas por su teoría. Pues si hay una intensa competencia entre las comunidades de hormigas, puede esperarse que estas comunidades ofrezcan adaptaciones tan considerables como las de los individuos aislados.

La existencia de los instintos perfeccionados es también, en cierto sentido, un obstáculo. Darwin deduce la conclusión de que las costumbres están sujetas a la selección natural, tanto como la morfología o la fisiología general, de manera que, por su doctrina, los instintos más complicados no son más difíciles de admitir que cualquier otro género de adaptación.

Empieza por separar la teoría de Lamarck, que supone que los instintos son simples costumbres hereditarias.

Claramente se puede demostrar que los instintos más sorprendentes que conocemos, los de la abeja y los de muchas hormigas, por ejemplo, no pueden ser adquiridos por la costumbre.

Se admitirá que los instintos son, en lo que se refiere al bienestar de cada especie en sus condiciones actuales de existencia, tan importantes como la conformación física. Ahora bien, es poco menos que imposible que, en medios diferentes, ligeras modificaciones del instinto puedan ser ventajosas a una especie. Si se puede demostrar que los instintos varían, por poco que sea, no hay ninguna dificultad para admitir que la selección natural pueda conservar y acumular constantemente las variaciones del instinto, tanto tiempo como sean aprovechables para los individuos. Tal es, según mi opinión, el origen de los instintos más maravillosos y más complicados. Así ha debido ser en los instintos como en las modificaciones físicas del cuerpo, que determinadas y aumentadas por la costumbre y el uso pueden disminuir y desaparecer por la falta de uso. En cuanto a los efectos de la costumbre, le atribuyo en la mayor parte de los casos una importancia menor que a los de la selección natural, en esto que podríamos llamar las variaciones espontáneas del instinto; es decir, las variaciones producidas por esas causas desconocidas, que determinan ligeras desviaciones en la conformación física.

Y aquí examina casos particulares de diferentes especies.

Considerando algunos casos particulares, llegaremos a comprender mejor cómo los instintos en estado natural han llegado a modificarse por la selección. Elegiré solo tres, a saber: el instinto que lleva al cuclillo a poner sus huevos en el nido de otras aves, el instinto que tienen ciertas hormigas a procurarse esclavas, y la facultad de hacer celdillas que tiene la abeja común. Estos dos últimos instintos han sido considerados, justa y generalmente, por los naturalistas como los más maravillosos de todos los conocidos.

Instintos del cuclillo.– Suponen algunos naturalistas que la causa más inmediata del instinto del cuclillo es que no pone sus huevos diariamente, sino con intervalos de dos o tres días, de modo que si tuviese que hacer su nido e incubar sus propios huevos, los primeramente puestos quedarían durante algún tiempo sin ser incubados o tendría que haber huevos y pajarillos de diferente tiempo en el mismo nido. Si así fuese, el proceso de puesta e incubación sería excesivamente largo, especialmente porque la hembra emigra muy pronto, y los pajarillos recién salidos del huevo tendrían probablemente que ser alimentados por el macho. Podría citar algunos ejemplos de diferentes pájaros de los que se sabe que alguna vez ponen sus huevos en los nidos de otros pájaros.

Hasta hace poco tiempo solo se conocían los instintos del cuclillo europeo y del cuclillo americano, que no es parásito; actualmente, debido a las observaciones de Mr. Ramsay, hemos sabido algo sobre tres especies australianas que ponen sus huevos en el nido de otras aves. Los puntos principales que hay que indicar son tres: primero, que el cuclillo común, con raras excepciones, pone un solo huevo en un nido, de modo que el ave joven, grande y voraz recibe abundante alimento. Segundo, que los huevos son notablemente pequeños, no mayores que los de la alondra, ave cuyo tamaño es aproximadamente como una cuarta parte del de un cuclillo. El cuclillo americano, que no es parásito, pone sus huevos del tamaño normal: podemos, pues, concluir que estas pequeñas dimensiones del huevo son un verdadero caso de adaptación. Tercero, que el cuclillo, en cuanto nace, tiene el instinto, la fuerza y el dorso especialmente conformado para desalojar a sus falsos hermanos, que entonces mueren de frío y hambre. Esto ha sido audazmente llamado una disposición benéfica para que el cuclillo joven pueda conseguir comida suficiente y para que sus falsos hermanos perezcan antes de que hayan adquirido mucha sensibilidad.

Instinto esclavista.– Este notable instinto fue descubierto por vez primera en la Formica *(Polyerges) rufescens* por Pierre Huber, observador quizá más hábil que su ilustre padre. Esta hormiga depende en absoluto de sus esclavas: sin su ayuda la especie se extinguiría seguramente en un solo año. Los machos y las hembras fecundas no hacen trabajo de ninguna clase, y las obreras, o hembras estériles, aunque sumamente enérgicas y valerosas al apresar esclavas, no hacen ningún otro trabajo; son incapaces de construir sus propios nidos y de alimentar sus propias larvas. Cuando el nido viejo resulta incómodo y tienen que emigrar, son las esclavas las que determinan la emigración y llevan positivamente en sus mandíbulas a sus amas. Tan por completo incapaces de valerse son las amas que, cuando Huber encerró treinta de ellas sin ninguna esclava, pero con abundancia de alimentos predilectos, y con sus propias larvas y ninfas para estimularlas a trabajar, no hicieron nada; no pudieron siquiera alimentarse a sí mismas, y muchas murieron de hambre. Entonces introdujo Huber una sola esclava *(Formica fusca)*, y esta inmediatamente se puso a trabajar, alimentó y salvó a las supervivientes, hizo algunas celdas y cuidó de las larvas, y lo puso todo en orden. ¿Qué puede haber más extraordinario que estos hechos perfectamente comprobados? Si no conociésemos ninguna otra hormiga esclavista, sería inútil meditar acerca de cómo un instinto tan maravilloso pudo haber llegado a esta perfección.

Huber descubrió también que otra especie, la *Formica sanguinea*, era hormiga esclavista. Esta especie se encuentra en las regiones meridionales de Inglaterra, y sus costumbres han sido objeto de estudios por Mr. F. Smith, del British Museum, a quien estoy muy agradecido por sus indicaciones sobre este y otros asuntos. Aunque dando crédito completo a las afirmaciones de Huber y de Mr. Smith, procuré llegar a este asunto con una disposición mental escéptica, pues a cualquiera puede excusársele de que dude de la existencia de un instinto tan extraordinario como el de tener esclavas. Por consiguiente, daré con algún detalle las observaciones que hice. Abrí catorce hormigueros de *Formica sanguinea* y en todos encontré algunas esclavas. Los machos y las hembras fecundas de la especie esclava *(Formica fusca)* se encuentran solo en sus propias comunidades y nunca han sido observados en los hormigueros de *Formica sanguínea*. Las esclavas son negras, y su tamaño, es no mayor de la mitad del de sus amas, que son rojas, de modo que el contraste de aspecto es grande. Si se estropea algo el nido, las esclavas salen ordinariamente, lo mismo que sus amas, y se muestran muy agitadas y defienden el hormiguero; si se perturba el hormiguero y las larvas y ninfas quedan expuestas, las esclavas trabajan enérgicamente, junto con sus amas, en trasportarlas a un lugar seguro; por tanto es evidente que las esclavas se encuentran completamente como en su casa. En los meses de junio y julio, en tres años sucesivos, observé durante muchas horas varios hormigueros en Surrey y Sussex y nunca vi a ninguna esclava entrar o salir del hormiguero. Como en estos meses las esclavas son poco numerosas, pensé que debían conducirse de modo diferente cuando fuesen más abundantes; pero Mr. Smith me informa que ha observado los hormigueros a diferentes horas de mayo, junio y agosto, tanto en Surrey como en Hamsphire, y que a pesar de existir en gran número durante agosto, nunca ha visto a las esclavas entrar o salir del hormiguero; y, por consiguiente, las considera como esclavas exclusivamente domésticas. A las amas, por el contrario, se les puede ver constantemente llevando materiales para el hormiguero y comidas de todas clases. Durante el año 1860, sin embargo, en el mes de julio, tropecé con un hormiguero con una provisión extraordinaria de esclavas y observé algunas de ellas que, unidas con sus amas, abandonaban el hormiguero y marchaban por el mismo camino, hacia un gran pino silvestre, distante veinticinco yardas, al que subieron juntas, probablemente en busca de pulgones o cóccidos. Según Huber, que tuvo muchas ocasiones para la observación, en Suiza, las esclavas trabajan habitualmente con sus amas en hacer el hormiguero; pero ellas solas abren y cierran las puertas por la mañana y la noche, y, como Huber afirma expresamente, su principal oficio es buscar pulgones. Esta diferencia en las costumbres ordinarias de las amas y de las esclavas, en los dos países, probablemente depende de que las esclavas son capturadas en mayor número en Suiza que en Inglaterra.

Por suerte un día fui testigo de una emigración de *Formica sanguinea* de un hormiguero a otro, y era un espectáculo interesantísimo ver las amas llevando cuidadosamente a sus esclavas en las mandíbulas, en vez de ser llevadas por ellas, como en el caso de la *Formica rufescens*. Otro día llamó mi atención una veintena, aproximadamente, de hormigas esclavistas rondando por el mismo sitio, y evidentemente no en busca de comida; se acercaron, y fueron vigorosamente rechazadas por una colonia independiente de la especie esclava *(Formica fusca)*; a veces, hasta tres de estas hormigas se agarraban a las patas de las asaltantes. La *Formica sanguinea* mataba cruelmente a sus pequeñas adversarias, cuyos cuerpos muertos llevaba como comida a su hormiguero, distante veintinueve yardas; pero no pudieron apoderarse de ninguna ninfa para criarla como esclava. Entonces desenterré algunas ninfas de *Formica fusca* de otro hormiguero y las puse en un sitio despejado, y fueron cogidas ansiosamente y arrastradas por las tiranas, que quizá se imaginaron que después de todo habían quedado victoriosas en su último combate.

Al mismo tiempo, dejé en el mismo lugar unas cuantas ninfas de otra especie, *Formica flava*, con algunas de estas pequeñas hormigas amarillas adheridas todavía a fragmentos de su hormiguero. Esta especie, algunas veces, aunque raras, es reducida a esclavitud, según ha sido descrito por Mr. Smith. A pesar de ser una especie tan pequeña, es muy valiente, y la he visto atacando ferozmente a otras hormigas. En un caso, encontré con sorpresa una colonia independiente de *Formica flava* bajo una piedra, debajo de un hormiguero de la *Formica sanguinea*, que es esclavista, y habiendo perturbado accidentalmente ambos hormigueros, las hormigas pequeñas atacaron a sus corpulentas vecinas con sorprendente valor. Ahora bien, tenía yo curiosidad de averiguar si las *Formica sanguinea* podían distinguir las ninfas de *Formica fusca*, que habitualmente reducen a esclavitud, de las de la pequeña y furiosa *Formica flava*, que rara vez capturan, y resultó evidente que podían distinguirlas con facilidad, pues vimos que, ansiosas, cogían inmediatamente a las ninfas de *Formica fusca*, mientras que se aterrorizaban al encontrarse con las ninfas y hasta con la tierra del hormiguero de *Formica flava*, y se escapaban rápidamente; si bien, al cabo de un cuarto de hora, cuando todas las hormigas amarillas se habían retirado, cobraron ánimo y volvieron a buscar las ninfas.

Examiné más tarde otra colonia de *Formica sanguinea* y encontré un gran número de estas hormigas que volvían y entraban en su hormiguero, llevando los cuerpos muertos de *Formica fusca* –lo que demostraba que no era esto una emigración– y numerosas ninfas. Fui siguiendo, unas cuarenta yardas, una larga fila de hormigas cargadas de botín, hasta llegar a un matorral densísimo de brezos, de donde vi salir el último individuo de *Formica sanguinea* llevando una ninfa; pero no pude encontrar el devastado hormiguero en el tupido brezal. El hormiguero, sin embargo, debía estar muy cerca, pues dos o tres individuos de *Formica fusca* se movían con la mayor agitación, y uno estaba colgado, sin movimiento, al extremo de una ramita de brezo, con una ninfa de su misma especie en la boca; una imagen de la desesperación sobre el hogar saqueado.

Tales son los hechos –aun cuando no necesitaban ni confirmación– que se refieren al maravilloso instinto del esclavismo. Obsérvese qué contraste ofrecen las costumbres instintivas de la *Formica rufescens* y de la *Formica sanguinea*. Aquella no construye su propio hormiguero, ni determina sus propias emigraciones, ni recolecta comida para sí misma ni para sus crías, y ni siquiera puede alimentarse; depende en absoluto de sus numerosas esclavas; la *Formica sanguinea*, por el contrario, posee muchas menos esclavas, y en la primera parte del verano sumamente pocas; las amas determinan cuándo y dónde se ha de formar un nuevo hormiguero, y cuando emigran, las amas llevan las esclavas. Tanto en Suiza como en Inglaterra las esclavas parecen tener el cuidado exclusivo de las larvas, y las amas van solas en las expediciones para capturar esclavas. En Suiza, las esclavas y amas trabajan juntas haciendo el hormiguero y llevando materiales para él; unas y otras, pero principalmente las esclavas, cuidan y ordenan —como pudiera decirse— sus pulgones, y de este modo, unas y otras recogen comida para la comunidad. En Inglaterra solo las amas abandonan ordinariamente el hormiguero para recoger materiales de construcción y comida para sí mismas, sus larvas y esclavas; de modo que las amas en Inglaterra reciben mucho menos servicios de sus esclavas que en Suiza.

No pretenderé conjeturar por qué grados se originó el instinto de *Formica sanguinea*. Pero las hormigas que no son esclavistas se llevan las ninfas de otras especies si están esparcidas cerca de sus hormigueros, como lo he visto yo; y no es imposible que estas ninfas, primitivamente almacenadas como un alimento, pudieran llegar a desarrollarse, y estas hormigas extrañas, criadas así involuntariamente, seguirían entonces sus propios instintos y harían el trabajo que pudiesen. Si su presencia resultó útil a la especie que las había capturado —si era más ventajoso para esta especie capturar obreras que procrearlas— la costumbre de recolectar ninfas, primitivamente para alimento, pudo por selección natural ser reforzada y hecha permanente, con el objeto, bien diferente, de proporcionarse esclavas. Una vez adquirido el instinto —aun cuando alcanzase un desarrollo menor que en nuestra *Formica sanguinea* inglesa, que, como hemos visto, es menos ayudada por sus esclavas que la misma especie en Suiza— la selección natural pudo aumentar y modificar el instinto –suponiendo siempre que todas las modificaciones fuesen útiles para la especie– hasta que se formó una especie de hormiga, que depende tan abyectamente de sus esclavas como la *Formica rufescens*.

No tenemos espacio aquí para citar todo cuanto dice Darwin sobre el instinto de la construcción de las celdas por las abejas y debemos contentarnos con su conclusión.

Por ello, a mi juicio, lo más sorprendente de todos los instintos conocidos, el de la abeja, puede explicarse por la acción de la selección natural. La selección natural se ha aprovechado de las modificaciones ligeras, sucesivas y numerosas que han sufrido los instintos de un orden más simple; esa selección ha llevado gradualmente a la abeja a diseñar más perfecta y más regularmente las esferas colocadas sobre dos filas de iguales distancias, y a ahuecar y a levantar paredes planas sobre las líneas de intersección. No hay que decir que las abejas no saben que dibujan sus esferas, a una distancia determinada las unas de las otras, como no saben lo que son los diversos lados de un prisma hexagonal, o los polígonos de su base. La causa determinante de la acción de la selección natural ha sido la construcción de celdas sólidas, con la forma y la capacidad deseada para contener las larvas, realizada con el mínimo de gasto de cera y de trabajo. El enjambre particular que ha construido las celdas más perfectas con el menor trabajo y el menor gasto de miel, transformado en cera, ha sido el mejor trabajador y ha trasmitido sus instintos económicos nuevamente adquiridos a los enjambres sucesivos, que a su vez también han tenido más probabilidades en su favor en la lucha por la existencia.

La acción de la selección natural produciendo las adaptaciones, es inevitablemente compleja y a menudo sorprendente.

La selección natural puede modificar la conformación del hijo en relación a los padres y la de los padres en relación a los hijos. Entre los animales que viven en sociedad, la selección natural transforma la conformación de cada individuo de tal manera que pueda hacerse útil a la comunidad, a condición, de todas maneras, de que la comunidad aproveche el cambio. Mas lo que la selección natural no puede hacer, es modificar la estructura de una especie sin procurarle una ventaja propia; solamente en hechos semejantes no he encontrado uno solo que pueda resistirse a la crítica. La selección natural puede modificar profundamente una conformación que solo sería útil una vez durante la vida de un animal, de ser importante para él. Tales son, en efecto, las grandes mandíbulas que poseen ciertos insectos, y que emplean exclusivamente para abrir sus capullos, o la extremidad córnea del pico de ciertos pájaros que los ayuda a romper el huevo para salir. Se afirma que en las mejores especies de palomos volteadores de pico corto mueren en el huevo antes de poder salir; por eso los aficionados vigilan el momento de la eclosión para socorrer a los pichones si hay necesidad de ello. Ahora bien, si la naturaleza quisiera producir un palomo de pico muy corto para favorecer a esta ave, la modificación sería muy lenta, y la selección más rigurosa se haría en el huevo, y de estos solo sobrevivirían aquellos que tuvieran el pico bastante fuerte, pues todos los de pico débil perecerían inevitablemente; o también la selección natural actuaría para producir cáscaras más débiles, que se rompieran más fácilmente, pues el espesor de la cáscara está sujeta a la variabilidad como todas las demás estructuras.

Es natural que la selección opere sobre todo lo que está a su alcance, y sucede frecuentemente que ciertos órganos cambien sus funciones durante su evolución.

El ejemplo de la vejiga natatoria en los peces es excelente, en el sentido que nos demuestra claramente el hecho importante de que un órgano, primitivamente construido, con un objeto distinto, es decir, para hacer flotar al animal, puede convertirse en un órgano, teniendo una función muy diferente, es decir la respiración. La vejiga natatoria funciona también en ciertos pájaros como un accesorio del órgano del oído.

Para emplear las expresiones de Milne-Edwards, la naturaleza es pródiga en variedades, pero avara de innovaciones. ¿Por qué en la hipótesis de las creaciones hay tantas variedades y tan pocas novedades reales? ¿Por qué todas las partes, todos los órganos de tantos seres independientes, creados separadamente, al parecer, para ocupar un puesto distinto en la naturaleza, están de ordinario ligados los unos a los otros por una serie de gradaciones? ¿Por qué la naturaleza no ha pasado bruscamente de una conformación a otra? La teoría de la selección natural nos hace comprender claramente por qué no ocurre así; la selección natural, en efecto, no actúa más que aprovechando ligeras variaciones sucesivas y no puede jamás dar saltos bruscos y considerables, ni puede avanzar más que por grados insignificantes, lentos y seguros.

Una cola bien desarrollada, formada en un animal acuático, puede inmediatamente ser modificada para diversos usos, como caza moscas, como órgano de aprehensión, como timón; en el perro, por lo que a esta última función se refiere, la importancia de la cola debe ser mínima, puesto que la liebre que apenas tiene cola, gira con mayor rapidez que el perro.

Incluso la manera de vivir de los organismos especializados puede ser modificada bajo la influencia de la selección natural.

Así, no sentimos ninguna sorpresa al ver que las ocas y las fragatas tienen membranas interdigitales a pesar de que habitan en la tierra y de que permanecen raramente sobre el agua; rascones de dedos alargados que viven en los prados, en lugar de vivir en los pantanos; picos viviendo en lugares desprovistos de todo árbol; y, por último, tordos o himenópteros zambullidores y petreles que tienen las costumbres de los pingüinos.

La complejidad de la situación biológica es infinita.

Estos hechos diversos están de acuerdo con mi teoría, la cual no da ninguna ley fija de desarrollo que obligue a todos los habitantes en la región a modificarse bruscamente, simultáneamente, o en el mismo grado. Según mi teoría, por el contrario, la marcha de las modificaciones debe ser lenta y solo afecta generalmente a muy pocas especies a la vez; en efecto, la variabilidad de cada especie es independiente de la de todas las demás. La acumulación por selección natural a un grado más o menos pronunciado de variaciones o de diferencias individuales que pueden surgir, produciendo así modificaciones permanentes, depende de eventualidades numerosas y complejas —tales como la naturaleza ventajosa de las variaciones, la libertad de cruzamiento, los cambios lentos en las condiciones físicas de la región, la inmigración de nuevas formas y la naturaleza de otros habitantes con los cuales la especie que varía se halla en competencia. No hay, pues, nada sorprendente en que una especie pueda conservar su forma mayor tiempo que otra, o que si se modifica, lo haga en menor grado. Encontramos relaciones análogas entre los habitantes actuales de países diferentes; así las conchas terrestres y los coleópteros de Madeira han llegado a diferenciarse considerablemente de las formas del continente europeo que más se les parecen, mientras que las conchas marinas y las aves no han cambiado. La rapidez mayor de las modificaciones en los animales terrestres y una organización más elevada, comparativamente a lo que ocurre en las formas marinas e inferiores, se explica acaso por las relaciones más complejas que existen entre los seres superiores y las condiciones orgánicas e inorgánicas de su existencia, tal como lo hemos indicado en un capítulo precedente. Cuando un gran número de habitantes de una región cualquiera se ha modificado y perfeccionado, resulta del principio de la competencia y de las relaciones esenciales, que tienen mutuamente entre ellos los organismos en la lucha por la existencia, que toda forma que no se modifica y no se perfecciona en cierta medida queda expuesta a la destrucción. Por eso todas las especies de una misma región, acaban siempre, si se considera un lapso suficientemente largo, por modificarse, pues de otra manera, desaparecerían.

Al tratar, bajo forma de adaptaciones, los resultados secundarios de la selección, Darwin aborda tendencias más amplias. Examinaremos, para empezar, el principio de divergencia o diferenciación, cuyo descubrimiento fue para él como una revelación, y así nos lo cuenta en su autobiografía:

> Pero en esta época no supe advertir un problema de gran importancia, y estoy sorprendido, excepto cuando pienso en Colón y en su huevo, de haberlo dejado a un lado, así como su solución. Este problema es la tendencia que tienen los seres organizados procedentes del mismo origen a cambiar de caracteres a medida que se modifican.
>
> Es evidente que han divergido muchísimo: nos convencemos por la manera con que las especies de toda naturaleza pueden estar clasificadas en géneros, los géneros en familias, las familias en subórdenes, y así sucesivamente. Recuerdo el lugar preciso del camino donde, estando dentro de mi coche, se impuso la solución a mi espíritu con la mayor alegría. Ello ocurrió mucho tiempo después de mi traslado a Down. La solución, como pienso, es que los descendientes modificados de las formas dominantes y en vía de crecimiento tienden a adaptarse a numerosas y diferentes localidades en la economía de la naturaleza.

Los efectos de este principio serán denominados más tarde por los biólogos *radiaciones adaptativas*. Es el proceso por el cual diferentes líneas de un grupo en desarrollo se especializan para diferentes maneras de existencia.

Las ventajas de la diversidad de estructura en los habitantes de una misma región son análogas, en una palabra, a las que presenta la división fisiológica de trabajo en los órganos de un mismo individuo, tema tan admirablemente dilucidado por Milne-Edwards. Ningún fisiólogo pone en duda que un estómago hecho para digerir materia vegetal tan solo, o materia animal únicamente, extraiga de esta substancia la mayor cantidad de alimento. De la misma manera, en la economía general de un país cualquiera, cuanto más marcadas diferencias ofrezcan los animales y las plantas apropiadas a los diversos modos de existencia, más considerable es el número de los individuos capaces de habitar este país. Un grupo de animales cuyo organismo presenta pocas diferencias, puede luchar difícilmente con un grupo cuyas diferencias estén más acusadas. Se podría dudar, por ejemplo, de que los marsupiales australianos divididos en grupos difiriendo muy poco los unos de los otros y que representan débilmente, como M. Waterhouse y algunos otros lo han observado, nuestros carnívoros, nuestros rumiantes y nuestros roedores, puedan luchar con éxito contra estos órdenes tan bien desarrollados. En los mamíferos australianos observamos la diversificación de las especies en un estado incompleto de desarrollo.

Muchas circunstancias en las cuales nos es imposible medir el valor de adaptación de un carácter, pueden probablemente ser explicadas por el principio de las *variaciones correlativas.*

Entiendo por esta expresión que las diferentes partes de la organización están, en el curso de su crecimiento y de su desarrollo, tan íntimamente ligadas las unas a las otras, que otras partes se modifican cuando se producen ligeras variaciones en un lugar cualquiera y se acumulan en ella en virtud de la acción de la selección natural.

Al comienzo del *Origen de las especies* expone más ampliamente este principio.

Muchas leyes regulan la variación, algunas de ellas pueden ser vislumbradas, y serán después brevemente discutidas. Solo me referiré aquí a lo que puede llamarse variación correlativa. Cambios importantes en el embrión o larva ocasionarán probablemente cambios en el animal adulto. En las monstruosidades son curiosísimas las correlaciones entre órganos por completo distintos, y se citan de ello muchos ejemplos en la gran obra de Isidore Geoffroy Saint-Hilaire sobre esta materia. Los criadores creen que las patas largas van casi siempre acompañadas de cabeza alargada. Algunos ejemplos de correlación son muy caprichosos: así, los gatos que son completamente blancos y tienen los ojos azules, generalmente son sordos; pero últimamente Mr. Tait ha mostrado que esto está limitado a los machos. Ciertos colores y particularidades de constitución van juntos, de lo que podrían citarse muchos casos en animales y plantas. De los hechos reunidos por Heusinger resulta que a las ovejas y cerdos blancos les dañan ciertas plantas, de lo que se salvan los individuos de color oscuro. El profesor Wyman me ha comunicado recientemente un buen ejemplo de este hecho: preguntando a algunos granjeros de Virginia por qué todos sus cerdos eran negros, le informaron que los cerdos comían raíz de Lachnanthes, que coloreaba sus huesos de color de rosa y hacía caer las pezuñas de todas las variedades, menos las de la variedad negra; y uno de ellos añadió: «Elegimos para la cría los individuos negros de una camada, pues solo ellos tienen probabilidades de vida». Los perros desprovistos de pelo tienen los dientes imperfectos; los animales de pelo largo y basto son propensos a tener, según se afirma, largos o numerosos cuernos; las palomas calzadas tienen membranas entre sus dedos anteriores; las palomas con pico corto tienen pies pequeños, y las de pico largo, pies grandes. Por lo tanto, si se continúa seleccionando y haciendo aumentar, de este modo, cualquier particularidad, casi con seguridad se modificarán involuntariamente otras partes de la estructura, debido a las misteriosas leyes de la correlación.

Más tarde insiste sobre este tema.

M. Isidore Geoffroy Saint-Hilaire ha señalado con insistencia que ciertas conformaciones anómalas coexisten con frecuencia, y otras, raras veces, sin que podamos señalar razón alguna. ¿Que puede haber más singular que la relación que existe en los gatos entre la blancura completa, los ojos azules y la sordera, o entre el pelo tricolor y el sexo femenino; en las palomas, entre las patas calzadas y la membrana que une los dedos externos, o entre la presencia de más o menos pelusa en los pichones al salir del huevo y el futuro color de su plumaje; y también la relación entre el pelo y los dientes en el perro turco desnudo, aun cuando en este caso, indudablemente, la homología entra en juego? Incluso creo que este último caso de correlación no puede ser accidental; si consideramos, en efecto, los dos órdenes de mamíferos cuya envoltura dérmica presenta mayores anomalías, los cetáceos —ballenas, etc.— y los desdentados —armadillos, pangolines, etc.— son también, en general, los más anómalos en la dentadura, pero hay tantísimas excepciones de esta regla, según ha hecho observar Mr. Mivart, que tiene poco valor.

No conozco caso más adecuado para demostrar la importancia de las leyes de correlación y variación, independientemente de la utilidad y, por consiguiente, de la selección natural, que el de la diferencia entre las flores exteriores y las interiores de algunas plantas compuestas y umbelíferas. Todo el mundo está familiarizado con la diferencia entre las florecillas periféricas y las centrales de la margarita, por ejemplo, y esta diferencia va acompañada muchas veces de la atrofia parcial o total de los órganos reproductores. Pero además en alguna de estas plantas las semillas difieren también en la forma y en la superficie. Estas diferencias se han atribuido, algunas veces, a la presión del involucro sobre las florecillas o a la presión mutua de estas; la forma de los aquenios contenidos en las flores periféricas de algunas compuestas apoya esta opinión; pero en las umbelíferas, según me informa el doctor Hooker, no son, en modo alguno, las especies con inflorescencias más densas las que muestran más diferencias entre sus flores interiores y exteriores. Podría creerse que el desarrollo de los pétalos periféricos, quitando alimento de los órganos reproductores, produce su atrofia, pero esto difícilmente puede ser la causa única, pues en algunas compuestas las semillas de las florecillas interiores y exteriores difieren sin que haya diferencia alguna en las corolas.

En semejantes caracteres correlativos, el tipo resultante de la evolución podría ser llamado «el consecuente», puesto que es la consecuencia de la existencia de un cierto género de mecanismo del desarrollo.

La falta de espacio nos impide multiplicar las citas sobre el tema de la selección general y sus efectos. Vamos a emprender el estudio del principio auxiliar de Darwin, al cual daba una gran importancia: la selección sexual.

El punto esencial es la existencia entre los sexos de diferencias que no atañen directamente a las células reproductoras o a los órganos destinados a los cuidados de la progenie.

En los animales unisexuales los machos difieren necesariamente de las hembras por sus órganos de reproducción, que constituyen los caracteres sexuales primarios. Pero los sexos difieren, a menudo también, en lo que H. Hunter ha llamado los caracteres sexuales secundarios, que no están en relación directa con el acto de la reproducción; el macho, por ejemplo, posee ciertos órganos de sentidos o de locomoción, de los cuales está desprovista la hembra; o están mucho más desarrollados en él para permitirle encontrarla y alcanzarla; o el macho está provisto de órganos especiales de aprehensión, con la ayuda de los cuales puede fácilmente retenerla. Estos últimos órganos, muy diversos, se confunden con otros que en ciertos casos apenas pueden distinguirse de aquellos que se consideran ordinariamente como los órganos primarios.

La hembra difiere a menudo del macho en que posee órganos destinados a la alimentación o a la protección de sus hijos, tales como las glándulas mamarias de los mamíferos y las bolsas abdominales de los marsupiales.

Podríamos citar aún numerosos casos análogos que no nos interesan aquí. De todas maneras existen otras diferencias que no tienen ninguna relación con los órganos sexuales primarios, que presentan interés más particular, como la mayor talla, la fuerza, las disposiciones belicosas del macho, sus armas ofensivas o defensivas, su coloración fastuosa y sus diversos adornos, la facultad de cantar y otros caracteres análogos.

Estos caracteres sexuales secundarios son de tres tipos principales: los que se refieren a la aprehensión de la hembra por el macho, los que sirven de arma en los combates entre rivales, y los que se refieren a la ostentación o a todo medio de estimular al sexo opuesto.

¿Cómo vamos a explicar su origen? Darwin contestaba: «Por medio de la selección natural». Lo natural, desde su punto de vista de…

…esta forma de selección, no depende de la lucha por la existencia con otros seres organizados o con las condiciones ambientes, sino de la lucha entre los individuos del mismo sexo, ordinariamente los machos, para asegurarse la posesión de las hembras. Esta lucha no se termina con la muerte del vencido, sino con la falta o la mínima cantidad de descendientes.

Una exposición relativa a los órganos de aprehensión de los machos dará una idea más profunda de la cuestión.

Cuando los dos sexos tienen exactamente las mismas costumbres, y el macho tiene los órganos de los sentidos y de la locomoción más desarrollados que los de la hembra, es posible que estos sentidos perfeccionados le sean indispensables para encontrarla. Pero en la gran mayoría de los casos estos órganos perfeccionados solo sirven para procurar a un macho cierta superioridad sobre los otros machos, pues los menos privilegiados, si el tiempo se lo hubiera permitido, lograrían aparejarse con hembras, y, a juzgar por la estructura de estas, esos órganos estarían igualmente bien adaptados a las costumbres ordinarias de la existencia. La selección sexual ha debido intervenir evidentemente para producir los órganos a los cuales hacemos alusión, pues los machos han adquirido la conformación que tienen hoy, no solo porque les coloca en situación de obtener la victoria en la lucha por la existencia, sino porque les procura una ventaja sobre los demás machos; ventaja que han transmitido solo a su posteridad masculina. Es la importancia de esta distinción lo que me determina a dar a esta forma de selección el nombre de selección sexual.

La distinción que Darwin hace entre las dos formas de selección está claramente explicada en el párrafo siguiente, tomado de la conclusión principal de *La descendencia del hombre*.

La selección sexual depende del éxito que tienen, en lo relativo a la propagación de la especie, ciertos individuos sobre otros del mismo sexo, mientras que la selección natural depende del éxito de los dos sexos, en todo tiempo, en relación con las condiciones generales de la vida. La lucha sexual es de dos clases: tiene lugar entre individuos del mismo sexo, ordinariamente el sexo masculino, con objeto de capturar o matar a sus rivales, las hembras permanecen pasivas; o bien la lucha tiene igualmente lugar entre individuos del mismo sexo, para reducir y seducir a las hembras; generalmente las hembras no permanecen pasivas y escogen los machos que tienen para ellas el mayor atractivo. Esta última clase de selección es análoga a la que el hombre ejerce sobre los animales domésticos, de una manera real aunque inconsciente, cuando escoge, durante largo tiempo, los individuos que le placen más o que tienen más utilidad para él, sin ninguna intención de modificar la raza.

Citemos aún un párrafo que está relacionado con esta distinción.

Cuando se trata de conformaciones adquiridas merced a la selección ordinaria o a la selección natural, hay, en la mayor parte de los casos, mientras las condiciones de existencia son las mismas, un límite a la extensión de las modificaciones que pueden producirse con un objetivo determinado; cuando se trata, por el contrario, de las conformaciones destinadas a asegurar la victoria de un macho, sea por combate, sea por los atractivos que exhiba, no hay límite definido a la extensión de las modificaciones ventajosas. De manera que mientras las variaciones favorables surjan, la selección sexual continúa su obra. Esta circunstancia puede explicar, en parte, la frecuencia y la extensión extraordinaria de la variabilidad que presentan los caracteres sexuales secundarios. Sin embargo, la selección natural debe oponerse a que los machos victoriosos adquieran los caracteres que les serían perjudiciales, ya porque esos causarían una excesiva disminución de sus fuerzas vitales, ya porque los expondrían a excesivos peligros. Ahora bien, el desarrollo de ciertas conformaciones —los cuernos, por ejemplo, en ciertos ciervos— ha llegado a un grado sorprendente; en algunos casos, a un grado tal que estas conformaciones deben perjudicar ligeramente al macho, dadas las condiciones generales de la existencia. Ello demuestra que los machos que han vencido a otros machos, debido a su fuerza o a sus encantos, lo que les ha valido una descendencia más numerosa, han recogido las ventajas que en el curso de los tiempos les han sido más provechosas que aquellas procedentes de una adaptación más perfecta a las condiciones de existencia. Y vemos además lo que nunca se pudo suponer, que la aptitud para atraer a una hembra tiene, en algunos casos, más importancia que la victoria obtenida sobre otros machos en el combate.

Darwin aborda aquí las exigencias contradictorias de los dos tipos de selección. Y vemos que la selección se realiza, por una parte, entre diferentes individuos machos, y por otra en las especies enteras, o es más, entre individuos que luchan para subsistir. Se pueden hacer gran cantidad de deducciones observando en la naturaleza los caracteres sexuales secundarios.

La creencia en el poder de la selección sexual descansa sobre todo en las consideraciones siguientes. Los caracteres que podemos suponer con la máxima razón producidos por ella están limitados a un solo sexo; lo que basta para hacer probable que tengan algunas relaciones con el acto reproductor. Estos caracteres, en una multitud de casos no se desarrollan completamente más que en el estado adulto, a menudo durante una estación tan solo, que es siempre la época de celo. Los machos (salvo raras excepciones) acuden solícitamente alrededor de las hembras, mejor armados y más seductores en diversos aspectos. Hay que observar que con el mayor cuidado los machos despliegan sus atractivos en presencia de las hembras, y que no lo hacen nunca fuera de la época del celo. No se debe suponer que toda esta ostentación se haga sin objeto. Por último, encontramos en algunos cuadrúpedos y en diferentes aves las pruebas ciertas de que los individuos de un sexo pueden sentir una gran antipatía o una extraordinaria preferencia para ciertos individuos del otro sexo.

Según estos hechos, y sin olvidar los notables resultados que da la selección inconsciente ejercida por el hombre, me parece casi cierto que si los individuos de un sexo prefiriesen, durante una larga serie de generaciones, acoplarse con ciertos individuos del otro sexo, dotados de un carácter particular, sus descendientes se modificarían lenta pero seguramente de la misma manera.

Damos igualmente una exposición detenida de ciertas dificultades evidentes y embarazosas:

En otro tiempo había deducido de diversos hechos y de ciertas consideraciones que en la mayor parte de los animales con caracteres sexuales secundarios bien desarrollados, el número de machos excedía en mucho al de las hembras; pero no me parece que esta hipótesis sea completamente exacta. Si la relación entre machos y hembras fuera de dos a uno, o de tres a dos, o incluso, de una proporción un poco menor, la cuestión sería muy simple; pues los machos más atractivos o los mejor armados dejarían el mayor número de descendientes. Pero después de haber estudiado lo más posible las proporciones numéricas de los sexos, no creo que se pueda ordinariamente comprobar una gran desproporción. En la mayor parte de los casos la selección sexual parece haber actuado en la forma siguiente.

Supongamos una especie cualquiera; un ave, por ejemplo, y dividamos en dos grupos iguales las hembras que habitan una zona; uno comprenderá la hembras más vigorosas y mejor alimentadas, y el otro las que lo son menos. Es indudable que las primeras estarán dispuestas a reproducirse en la primavera, antes que las restantes; esta es, por lo menos, la opinión de Jenner Weir quien durante muchos años se ha dedicado al estudio de las costumbres de las aves. Las hembras más sanas, más vigorosas y mejor nutridas lograrán también, evidentemente, el mayor número de descendientes. Los machos, tal como lo hemos visto, generalmente están dispuestos a reproducirse antes que las hembras; los machos más fuertes y en algunas especies los mejor armados, cazan a sus rivales más débiles y fecundan a las hembras más vigorosas y más sanas, pues estas son las primeras dispuestas a ser fecundadas. Las parejas constituidas así deben, en realidad, tener más descendencia que las hembras retardadas, las cuales, suponiendo una igualdad numérica de sexos, están obligadas a unirse a los machos vencidos y menos vigorosos; ahora bien, hay aquí todo lo necesario para argumentar, en el curso de las generaciones sucesivas, la talla, la fuerza y el valor de los machos para perfeccionar sus armas.

No obstante, en multitud de casos, los machos que logran la victoria sobre otros no llegan a poseer las hembras más que debido a la elección de estas últimas. La corte que se hacen los animales no es, de ninguna manera, tan breve y tan simple como podría suponerse. Los machos más adornados, los mejores cantores, y aquellos que hacen los vuelos más alegres, excitan más a las hembras, que prefieren unirse a ellos; pero es muy probable, como se ha tenido ocasión de observar alguna vez, que prefieran al mismo tiempo a los más vigorosos y a los más ardientes. Las hembras más vigorosas, que son las primeramente dispuestas a la reproducción, pueden escoger entre los numerosos machos, y a pesar de que no siempre escojan a los más robustos o a los mejor armados, se dirigen, de todas maneras a los machos que posean ya estas cualidades en alto grado, que son siempre, bajo otros aspectos, los más atractivos. Estas parejas formadas precozmente tienen grandes ventajas, tanto por el lado de la hembra como por el del macho, para cuidar su progenie. Esta causa actúa durante una larga serie de generaciones y tiene, según todas las apariencias, tendencia no solo a aumentar la fuerza y el carácter belicoso de los machos, sino también sus diversos adornos y demás atractivos.

En el caso inverso, y mucho más raro, en que los machos hagan la elección de las hembras, es manifiesto que los más vigorosos, tras haber descartado a sus rivales, deben tener una libre facultad de elegir; ahora bien, es casi cierto que buscan a las hembras más vigorosas y más atractivas a la vez. Estas parejas tienen grandes ventajas para la cría de sus hijos, sobre todo si el macho es capaz de defender a la hembra durante la época del celo, como ocurre en algunos animales domésticos. Los mismos principios se aplican si los dos sexos prefieren y escogen recíprocamente ciertos individuos del sexo contrario, suponiendo que ejerzan esta elección no solo entre los sujetos más atractivos sino también entre los más vigorosos.

Si la poligamia prevalece y el macho victorioso puede apropiarse de muchas hembras, la intensidad de la selección sexual será evidentemente mucho más fuerte.

Parece casi cierto que existe una relación entre la poligamia y el desarrollo de los caracteres sexuales secundarios; lo que viene en apoyo de la hipótesis de que una preponderancia numérica de machos es evidentemente favorable a la acción de la selección sexual.

Hemos retenido los siguientes hechos entre los numerosos recogidos por Darwin en apoyo de su concepción. Las condiciones son evidentemente complejas.

Cuando estudiemos las aves, veremos que presentan una mayor analogía con los insectos, desde el punto de vista de los caracteres sexuales secundarios. Así, muchas aves machos, son belicosas en exceso, y están provistas de armas especialmente destinadas a la lucha con sus rivales. Poseen órganos propios que producen durante el período del celo una música vocal e instrumental. A menudo están adornadas de crestas, apéndices, carúnculas y plumas diversas, y enriquecidas con los más hermosos colores, todo ello evidentemente para su ostentación. Podremos comprobar que, como en los insectos, los machos y las hembras de ciertos grupos son igualmente bellos y están igualmente revestidos de adornos comunes al macho. En otros grupos, los machos y las hembras están desprovistos de todo adorno. Por último, en algunos casos anormales, las hembras son más hermosas que los machos. Hemos de señalar frecuentemente en un mismo grupo de aves todas las gradaciones, desde la igualdad más absoluta hasta una diferencia extrema entre los machos y las hembras. En este último caso, veremos que, como entre los insectos, las hembras conservan a menudo rasgos más o menos claros, o rudimentos de caracteres que pertenecen habitualmente a los machos. Todas estas analogías que en diversos aspectos se observan entre las aves y los insectos son singularmente marcadas; también cualquiera que sea la forma en que se expliquen estos hechos, en una de las clases, esta explicación puede aplicarse a la otra, y, como trataremos de demostrarlo más adelante, esta explicación puede casi seguramente resumirse en una frase: la selección sexual.

Las aves proporcionan los ejemplos más extraordinarios de ostentación.

Debe ser un hermoso espectáculo, en las selvas de la India, «sorprender a veinte o treinta pavos reales cuyos machos extienden su magnífica cola y se pasean orgullosamente ante las hembras encantadas». El pavo salvaje levanta su brillante plumaje, extiende su cola elegantemente listada y sus plumas rayadas, y, en suma, con las carúnculas azules y carmesíes que adornan su garganta debe producir un efecto soberbio, a pesar de que sea grotesco para nuestros ojos. Hemos citado hechos análogos a propósito de diversos *tétras*. Pasemos, pues, a otro orden de aves. El *Rupicola crocea* macho es una de las más hermosas aves que hay en el mundo, su plumaje tiene un tinte amarillo anaranjado espléndido, y algunas de sus plumas están curiosamente truncadas y erizadas. La hembra, verde oscuro, matizada de rojo, tiene una cresta mucho más pequeña. Sir R. Schomburgk ha descrito los medios que el macho emplea para cortejar a las hembras; en efecto, ha podido observar una de sus reuniones donde se encontraban diez machos y dos hembras. El espacio que ocupaban tenía cuatro o cinco pies de diámetro; habían arrancado la hierba con cuidado, unido e igualado el terreno, como hubieran podido hacerlo manos humanas. Un macho «estaba dispuesto a saltar, evidentemente con gran satisfacción de los demás. Extendía las alas, levantaba la cabeza o abría su cola en forma de abanico. Mientras tanto se envanecía dando pequeños saltos hasta que caía agotado de fatiga; entonces lanzaba un leve grito e inmediatamente quedaba sustituido por otro. Tres de ellos entraron sucesivamente en escena y se retiraron inmediatamente para descansar». Los indios, para procurarse sus plumas, esperan que los pájaros estén muy ocupados con el espectáculo que presencian; entonces, con ayuda de sus flechas envenenadas, matan uno tras otro cinco o seis machos. Una docena por lo menos de aves del paraíso machos, de completo plumaje, se reunió sobre un árbol «para dar un baile», como dicen los indígenas; se pusieron a revolotear de aquí para allá, levantando sus alas, abriendo sus plumas tan elegantes y haciéndolas vibrar de tal manera, dice M. Wallace, que daban la sensación de que el árbol entero estaba lleno de plumas flotantes. Están tan distraídos que un arquero hábil puede abatir fácilmente toda la banda. Estos pájaros, cautivos en el archipiélago malayo, cuidan detenidamente la limpieza de sus plumas; las levantan suavemente para examinarlas y para quitarles la menor huella de polvo. Un observador que ha tenido muchas parejas vivas afirma que los desfiles a los cuales se entrega el macho tienen por objeto seducir a la hembra.

El faisán dorado y el faisán Amhurst cuando cortejan a las hembras no se contentan con extender y mostrar su magnífica gorguera, sino que como lo he observado por mí mismo, la vuelve oblicuamente hacia la hembra del lado en que se encuentre, evidentemente para desplegar ante ella una amplia superficie. M. Bartlet ha observado un polyplectron macho haciendo la corte a una hembra, y me ha mostrado a un individuo embalsamado en la posición que adquiere en estas circunstancias. Las timoneras y las remeras de este pájaro están adornadas con magníficos ojuelos semejantes a los de la cola del pavo. Ahora bien, cuando este último se pavonea, muestra y levanta su cola transversalmente, pues se coloca ante la hembra y exhibe al mismo tiempo su garganta y su pecho tan bellamente coloreados de azul. Pero el polyplectron tiene el pecho oscuro y los ojuelos no están limitados a las timoneras; por lo tanto, no se pone ante la hembra, sino que se levanta y muestra sus timoneras un poco oblicuamente, teniendo buen cuidado en bajar el ala del mismo lado y levantar el ala opuesta. En esta posición expone a la vista de la hembra, que le admira, toda la superficie de su cuerpo salpicado de ojuelos. Por cualquier parte que se vuelva, las alas extendidas y la cola inclinada siguen el movimiento y quedan así al alcance de su vista. El faisán tragopán macho actúa de una manera casi semejante, pues levanta las plumas del cuerpo, pero no el ala del lado opuesto a aquel en que se encuentra la hembra, plumas que sin esto no percibiría, de manera que todas sus plumas elegantemente jaspeadas, estén expuestas al mismo tiempo a sus miradas.

La conducta del faisán Argus es todavía más sorprendente. Las remeras secundarias tan enormemente desarrolladas en el macho, y de las que solo él está provisto, están adornadas por una hilera de veinte a veintitrés ojuelos que tienen todo lo más una pulgada de diámetro. Además, las plumas están elegantemente decoradas con rayas oblicuas de colores oscuros y una serie de manchas, que recuerdan la combinación de la piel del tigre y la del leopardo. El macho esconde estos espléndidos adornos hasta que se encuentra en presencia de la hembra; entonces endereza su cola y despliega las plumas de sus alas, de manera que adquiere la apariencia de un gran abanico o de un gran escudo circular y casi vertical que lleva ante su cuerpo. Disimula su cabeza y su cuello detrás de este escudo; y con el fin de poder observar a la hembra ante la cual exhibe sus adornos, pasa alguna vez la cabeza entre dos de las largas remeras, como ha podido observar M. Bartlet; el pájaro en este caso presenta un aspecto grotesco.

Los ojuelos que decoran las remeras del faisán Argus están sombreados con tal perfección que, como lo subraya el duque de Argyll, representan totalmente una bola que se hubiera puesto en un alvéolo.

Todos los artistas a quienes se han mostrado estas plumas admiran la perfección con que están sombreadas.

En los mamíferos, los medios de defensa están mucho más desarrollados que el adorno.

El macho parece lograr la hembra más por el valor en el combate que por la ostentación de sus encantos.

Se sabe que todos los machos cuyos órganos constituyen armas propias para la lucha se entregan a batallas terribles. A menudo se ha descrito el valor y los combates desesperados de los ciervos. En diversas partes del mundo se han encontrado algunos esqueletos de estos animales, inexplicablemente trabados por los cuernos, lo que indica que habían perecido juntos el vencedor y el vencido. No hay en el mundo animal más peligroso que el elefante en celo. Lord Tankerville me ha contado las luchas a que se entregan los toros salvajes de Chillingham Park, descendientes degenerados en talla, pero no en valor del gigantesco *Bos primigenius*. En 1861, muchos toros salvajes se disputaron la supremacía: se observó que dos de los más jóvenes habían atacado conjuntamente y en perfecto acuerdo al viejo jefe del rebaño, lo habían tumbado y puesto fuera de combate, y los guardias pensaron que debía estar en un bosque vecino, sin duda herido mortalmente. Pero unos días más tarde, uno de los toros jóvenes se acercó solo al bosque; el jefe, que no esperaba más que la ocasión para vengarse, salió y en algunos instantes mató a su adversario. Se reunió de nuevo tranquilamente con el rebaño, sobre el cual reinó, sin discusión alguna, durante mucho tiempo.

Entre los cuadrúpedos, cuando los sexos difieren por la talla, lo que suele ocurrir muy a menudo, los machos son, casi siempre, los más grandes y los más fuertes. El caso más extraordinario es el de una foca (*Callorbinus ursinus*), cuya hembra adulta pesa menos de una sexta parte del peso del macho adulto. El Dr. Gill señala que entre las focas machos polígamos que se entregan a combates furiosos, los sexos difieren mucho desde el punto de vista de la talla. No se observan estas diferencias en las especies monógamas.

Otros grupos, entre los animales superiores, han sufrido en realidad modificaciones debidas a la selección sexual.

Entre los insectos casi todos los órdenes cuentan machos entre sus miembros, pertenecientes inclusive a las especies débiles y delicadas, que son muy belicosos; algunos están provistos de armas destinadas a combatir a sus rivales. La ley del combate, sin embargo, no es tan general en los insectos como en los animales superiores; por ello los machos con frecuencia no son ni más fuertes ni más grandes que las hembras. Generalmente son más pequeños, lo que les permite desarrollarse en un lapso menos prolongado y encontrarse dispuestos en gran número en el momento del nacimiento de las hembras.

En dos familias de homópteros y en tres familias de ortópteros, solo los machos poseen en estado activo órganos que se pueden calificar de vocales. Estos órganos están constantemente en uso durante la época del celo, no solo para llamar a las hembras, sino, probablemente también, para seducirlas. Quien admita la influencia de la selección debe admitir también que la selección sexual ha llevado a la producción de estos aparatos musicales. En otros cuatro órdenes, los individuos pertenecientes a un sexo, o más comúnmente los machos y las hembras, están provistos de órganos aptos para producir diversos sonidos que, según toda apariencia, no son más que notas de llamada. Aun cuando los machos y las hembras posean estos órganos, los individuos aptos para producir el ruido más fuerte y más continuo deben encontrar medio de aparejarse antes que aquellos que son menos ruidosos, de manera que, en este caso también, la selección sexual ha debido determinar probablemente la formación de esos órganos. Es instructivo pensar en la sorprendente diversidad de medios que poseen, para producir sonidos, los machos solos o los machos y las hembras de seis órdenes por lo menos. Estos hechos diversos nos permiten comprender que influencia ha debido ejercer la selección sexual para determinar modificaciones de conformación, que en los homópteros afectan partes importantes de la organización.

La coloración de los insectos es una cuestión complicada y oscura. Cuando el macho muestra una brillante coloración y difiere considerablemente de la hembra, como en algunas libélulas y en gran número de mariposas, probablemente hay que atribuir sus colores a la selección sexual; mientras tanto la hembra ha conservado un tipo primitivo de coloración, ligeramente modificado por las influencias que hemos indicado.

La corte que se hacen las mariposas como lo hemos subrayado ya, es un proceso de larga duración. Los machos se entregan algunas veces a furiosos combates, y algunos se ven que persiguen una misma hembra agrupándose a su alrededor. Si las hembras no tienen preferencia por este u otro macho, el aparejamiento no es más que un problema de puro azar, lo cual no me parece probable.

Muchos peces luchan por la posesión de las hembras, y otros tratan de conseguirlas mediante la ostentación de sus adornos.

Los colores del sollo de los Estados Unidos (*Esox reticulatus*), sobre todo en el macho, durante la época de la freza se hacen extraordinariamente intensos, brillantes e irisados. La espínola macho (*Gasterosteus leiurus*) nos ofrece un ejemplo impresionante entre todos los demás. Mr. Warington afirma que este pez se conviene entonces en algo «magnífico y por encima de toda ponderación». El dorso y los ojos de la hembra son ocres, y el vientre blanco. Los ojos del macho, por el contrario, «son del verde más espléndido, y dotados de un reflejo metálico como las plumas verdes de ciertos pájaros-moscas. La garganta y el vientre son de un carmesí brillante, la espalda gris ceniza, y el pez completo parece convenirse en diáfano y como luminoso debido a una incandescencia interna». Después de la freza, todos estos colores cambian: la garganta y el abdomen toman un color rojo más oscuro, el dorso adquiere un color verde y los tonos fosforescentes desaparecen.

M. Carbonnier, que ha estudiado con mucha atención un *Macropus* chino en cautividad, ha descrito un caso todavía más singular de la corte que los machos hacen a las hembras, y de la exhibición que hacen de sus adornos. Los machos ostentan colores muchos más brillantes que las hembras. Durante la época del celo, luchan los unos contra los otros para apoderarse de las hembras; en el momento en que les hacen la corte, muestran sus aletas que son manchadas y adornadas con rayas brillantemente coloreadas, de la misma manera, dice M. Carbonnier, que el pavo muestra su cola. Nadan alrededor de las hembras con gran vivacidad y parecen, «por la exhibición de sus vivos colores, que buscan llamar la atención de las hembras, las cuales no son indiferentes a estas maniobras; nadan con una suave lentitud hacia los machos y parecen complacerse con su vecindad».

Entre los anfibios, cierto número de tritones machos muestra brillantes colores, y, por el contrario, entre las ranas y los sapos, los caracteres sexuales secundarios dominantes son los órganos vocales.

Las ranas y los sapos ofrecen, no obstante, una diferencia sexual interesante en relación con las facultades musicales que caracterizan a los machos, si se nos permite aplicar el término música a los sonidos discordantes y vocingleros que nos hace oír la rana toro macho y otras especies. No obstante, ciertas ranas emiten sonidos agradables. Cerca de Río de Janeiro, interrumpía con frecuencia mi paseo en la noche, para escuchar a las pequeñas ranillas (*Hila*) que permanecían inclinadas sobre los tallos al borde del agua, dejando oír una sucesión de notas armoniosas y dulces. Sobre todo, durante la época del celo es cuando los machos dejan oír su voz, como todos han podido oír el croar de nuestra rana común. Por ello, y es una consecuencia de este hecho, los órganos vocales de los machos están más desarrollados que los de las hembras. En algunos géneros, los machos solo están provistos de bolsas que se abren en la laringe. En la rana verde (*Rana esculenta*), por ejemplo, «los machos únicamente poseen bolsas que forman, cuando están llenas de aire, durante el acto de croar, grandes vejigas globulares que hacen salir de cada lado de la cabeza cerca de los extremos de la boca». El croar del macho se hace entonces muy potente, mientras que el de la hembra se reduce a un ligero rumor.

Muchos reptiles machos luchan por las hembras y poseen colores más brillantes que sus compañeros.

Los machos de ciertas especies de lagartos, y probablemente la mayor parte de ellas, se entregan a combates violentos para asegurarse la posesión de las hembras. El *Anolis cristatellus* que habita los árboles de la América del Sur, es extraordinariamente belicoso: «en la primavera y al principio del verano, cuando dos machos adultos se encuentran, libran batalla casi sin excepción. En cuanto se divisan, bajan y levantan alternativamente la cabeza, tres o cuatro veces seguidas, al mismo tiempo que despliegan la fresa o bolsa que poseen debajo de la garganta; los ojos brillan de rabia, agitan la cola, durante unos segundos, como para reunir todas sus fuerzas, y luego se lanzan furiosamente el uno sobre el otro, rodando por tierra, reteniéndose fuertemente con los dientes. El combate se termina, por regla general, con la ablación de la cola de uno de los combatientes, cola que el vencedor devora a menudo».

El macho de esta especie es mucho mayor que la hembra; hecho que el doctor Gunther considera como regla general en todos los lagartos.

A menudo se han observado diferencias bastante marcadas en los caracteres externos de los machos y de las hembras. El *Anolis* macho, del cual ya hemos hablado, lleva sobre el dorso y la cola una cresta que puede levantar a su capricho, pero de la que no existe ningún indicio en la hembra.

La teoría de Darwin sobre la selección sexual ha sido atacada muy a menudo, llegando ciertos críticos a negarle, inclusive, toda validez. Las investigaciones recientes han demostrado de todas maneras que contenía un precioso caudal de verdades, aunque nuestra manera actual de considerar ciertos fenómenos difiera de la suya en muchos aspectos. Es evidente, por ejemplo, que una línea de demarcación tan clara como Darwin lo suponía, no separa las selecciones naturales y sexuales. En muchas aves monógamas, las demostraciones no empiezan antes de que la pareja se haya unido para la estación, y no puede ser problema que influya en la selección ejercida por la hembra. Esto no quiere decir que esas exhibiciones de atractivos variados sean inútiles. Pues, de una manera general, no conocemos caracteres tan claramente señalados y que no sirvan para nada, y no podríamos incluso imaginar por qué medios hubieran podido desarrollarse si no tuvieran función. Se ha dicho que en este caso su empleo consistía en estimular a la hembra. Su conducta y su fisiología se sienten afectadas, lo cual anticipa la maduración final de los ovarios y predispone al aparejamiento. Parece que esto es la función principal de la corte que los machos hacen a las hembras, en las aves monógamas.

En las formas polígamas o mezcladas, la recompensa del vencedor es mucho más importante, ya que un macho puede apropiarse de muchas hembras, mientras que otros no encuentran con quién unirse. Hay también observaciones, en las que se ha adquirido la prueba, de que la hembra ejerce una elección y que hace una selección entre los machos que tienen los más brillantes y los más grandes collares de plumas.

También conocemos muchos casos de machos y hembras que poseen ambos un plumaje brillante, y que hacen ostentación de sus encantos para seducirse el uno al otro. Así ocurre entre los colimbos, entre los diferentes miembros de la familia de las garzas, entre los pelicanos y en un gran número de otras especies. Entonces, el estímulo y la sincronización afectan a los dos individuos recíprocamente, pero otro factor parece añadirse: el de los lazos emocionales que mantienen a la pareja unida durante la época de la nidación. Esto es importante desde el punto de vista biológico, porque la mutua diligencia del macho y de la hembra solo dura el tiempo de incubación, siendo esencial la cooperación para que la descendencia se logre.

Muchos caracteres y muchas acciones que Darwin creía que estaban en relación directa con la ostentación de los adornos, solo conciernen a la rivalidad o a las disposiciones belicosas entre aves del mismo sexo. El canto del ave muy a menudo entra en esa categoría, y advierte que un cierto territorio está ocupado por una nidada y que los otros machos no deben penetrar. El pecho rojo del petirrojo presenta un carácter exclusivo de intimidación, necesario a los dos sexos, puesto que es una de las raras especies donde el macho y la hembra ocupan un territorio durante el invierno. Los colores brillantes de muchos lagartos machos son debidos a la misma causa. La función principal de muchos caracteres semejantes es la de prevenir a distancia a los intrusos o rivales, y evitar así la necesidad de una batalla.

Muy frecuentemente los mismos caracteres contribuyen a la vez al adorno y a la disposición belicosa. Pero a menudo sus aspectos son totalmente otros; por ejemplo, la fresa de plumas y los mechones en las orejas del gran colimbo copetudo son totalmente distintas según la situación y su actitud entera cambia. Ocurre lo mismo con los collares de plumas y los penachos. Pero en otros casos, en el ostrero, por ejemplo, las manifestaciones son idénticas; y la actitud de la segunda ave decide la conducta de la primera.

Se ha observado que las amenazas o la exhibición estimulan tanto la fisiología y la psicología sexual del ejecutante como las del ave a que están dedicadas. El doctor Fraser Darling, en una obra reciente, afirma que cuando cierto número de aves están reunidas, la demostración de sus adornos y sus disposiciones belicosas actúan de una manera estimulante sobre todos los miembros del grupo. Este último hecho explica el gran número de casos en que el ave corteja a las hembras sobre espacios limitados, casi siempre los mismos, lo que tiene por resultado exasperar la rivalidad y aumentar su efecto general estimulante.

En grandes líneas, las mismas conclusiones se aplican a los mamíferos. En este grupo parecen muy raras las evidentes exhibiciones de adornos, y casi todos los caracteres que, según la convicción de Darwin, servían para seducir a las hembras, pertenecen en realidad los que tienen por función amenazar; la cara brillantemente coloreada del mandril o de otros monos son un ejemplo. Muchas armas de los machos tienen tan solo valor como caracteres de intimidación: los cuernos de los ciervos parecen tan útiles para prevenir el combate por su apariencia imponente como para la lucha en sí misma.

En los animales inferiores, las condiciones son a menudo más simples y los caracteres de exhibición pueden ser simplemente groseras advertencias de lo que podríamos llamar la actividad sexual, como, por ejemplo, cuando el cangrejo alza sus pinzas inmensas, a menudo vivamente coloreadas. Estas manifestaciones son de una extrema importancia cuando la especie es carnívora y cuando las hembras son tan grandes o más grandes que los machos, como en el caso de las arañas. Los vivos colores y las grotescas cabriolas de una araña macho cazadora sirven para informar a la hembra que busca el acto sexual, pues, sin ello, con sus sentidos y su cerebro imperfecto ella le haría su presa y lo devoraría tan rápidamente como a cualquier otro animal. En el caso de la mantis religiosa los papeles están cambiados. El macho hace lo que podríamos denominar «una exposición negativa», pues se esfuerza en hacerse tan poco evidente como le es posible, con el fin de aproximarse a la hembra y saltar sobre ella, antes de haber sido visto.

Así, la selección sexual, en el sentido en que la comprendía Darwin, de una verdadera elección ejercida por la hembra, es un fenómeno raro e incompleto. Por otra parte, indudablemente se opera una selección sexual indirecta en el hecho de que algunos triunfan en la lucha o en la exhibición de sus encantos: por ello, la selección actúa entre los rivales. Al fin de cuentas, Darwin tenía razón en los principios fundamentales de su teoría. En primer lugar, no se equivocaba creyendo que cuando había combate entre rivales, la lucha de los machos por la perpetuación conducía a menudo a un desarrollo de armas especiales, carácter exclusivo de los machos; y en segundo término, pensando que los colores vivos y las conformaciones particulares de los machos se han acentuado con frecuencia por el efecto que producen sobre los órganos sexuales y emocionales de las hembras. Lo que no vio es que la evolución de estos caracteres era debida en gran parte a la impresión hecha por las disposiciones belicosas de algunos sobre los órganos sensuales y emocionales de los rivales del mismo sexo.

Indiscutiblemente tenía razón, atribuyendo a la selección sexual un poder considerable sobre nuestra propia especie, pero en este caso, cierto es que los dos sexos a la vez ejercen una selección juntándose, a pesar de que los caracteres buscados sean muy variables y difieran en los dos sexos. Subraya un punto importante, y es que esta clase de selección, como la que hacen los criadores, tiende a acentuar y a exagerar las particularidades existentes, como por ejemplo el uso de los cosméticos por las mujeres. Estas tendencias evidentemente han contribuido a diversificar la raza del género humano. En algunas razas, como en la de los hotentotes, donde las mujeres son calipigeas, es decir, dotadas de unas gruesas nalgas, esta adiposidad es admirada. «Según Berton los somalíes, antes de hacer una selección entre las mujeres de su tribu, las hacen colocar en fila y se quedan con la que ha lanzado lo más lejos posible un *tergum*». Como Darwin lo ha dicho exactamente:

> Si todas nuestras mujeres se convirtieran en seres tan bellos como la Venus de Médicis, durante algún tiempo estaríamos bajo ese encanto, pero desearíamos inmediatamente la variedad, y en cuanto se hubiera realizado, querríamos ver determinados caracteres exagerarse un poco, por encima del tipo común.

Terminarnos el estudio de este problema con las observaciones deducidas de la conclusión de Darwin sobre los caracteres sexuales secundarios en la especie humana.

Podemos concluir que la talla mayor, la fuerza, el valor, el carácter belicoso e incluso la energía del hombre son cualidades que, comparadas con las de la mujer, han sido adquiridas durante la época primitiva, y han ido aumentando paulatinamente, sobre todo por los combates a que se han entregado los machos para asegurarse la posesión de las hembras. El vigor intelectual y el poder de invención más grande del hombre son probablemente debidos a la selección natural, combinada con los efectos hereditarios de la costumbre; pues son los hombres más capaces los que han debido triunfar y defenderse conjuntamente con sus mujeres y sus hijos, y subvenir sus propias necesidades y las de su familia. En todo lo que la excesiva complicación del tema nos permite juzgar, parece que nuestros antepasados semisimios machos se han dejado la barba como un adorno para atraer y seducir a las hembras, y han transmitido este adorno a su descendencia masculina únicamente. Es probable que las mujeres hayan sido las primeras en perder su vello, pérdida que ha constituido para ellas un adorno sexual, y que han transmitido este carácter casi igualmente a los dos sexos. Es verosímil que, por los mismos medios y con el mismo objeto, las mujeres se hayan modificado bajo otros aspectos, y que por ello adquirieron voces más dulces, convirtiéndose en más hermosas que el hombre.

Especialmente conviene subrayar que en la especie humana todas las condiciones han sido mucho más favorables a la acción de la selección sexual en época más primitiva, donde el hombre acababa de elevarse al rango humano, que lo fueron más tarde.

Las ideas emitidas sobre el papel que la selección sexual ha desempeñado en la historia del hombre carecen de precisión científica. Quien no admita su acción en los animales inferiores, evidentemente no tendrá en cuenta lo que encierran nuestros últimos capítulos sobre el hombre. No podemos decir positivamente que tal carácter y no tal otro haya sido modificado así; de todas maneras, hemos probado que las razas humanas difieren entre sí y a su vez con sus vecinos más cercanos entre los animales, por caracteres que no tienen ninguna utilidad para estas razas en el curso ordinario de la vida, lo que hace extremadamente probable que la selección sexual haya modificado dichos caracteres. Hemos visto que, en los salvajes más groseros, cada tribu admira sus propias cualidades características: la forma de la cabeza y del rostro, lo saliente de los pómulos, la prominencia o la depresión de la nariz, el color de la piel, la longitud de los cabellos, la ausencia de vello sobre el rostro y en el cuerpo, la presencia de una gran barba, etc. Estos caracteres y otros semejantes no pueden dejar de haberse exagerado lenta y gradualmente entre los hombres más fuertes y más activos de la tribu. En efecto, estos hombres debieron lograr el número más considerable de hijos, escogiendo para compañeras, durante largas generaciones, las mujeres entre las cuales estos caracteres eran más acentuados, y que les parecían, por lo tanto, las más atractivas. Termino diciendo que de todas las causas que han determinado las diferencias de aspecto exterior existentes entre las razas humanas, y hasta cierto punto entre el hombre y los animales que le son inferiores, la selección sexual ha sido la más activa y la más eficaz.

Esto nos lleva a considerar la posición de Darwin frente a la evolución del hombre. En el *Origen de las especies* fue muy reticente al abordar este tema, pues no deseaba que su concepto general de la descendencia con modificaciones sufriera el perjuicio que podría causarle una discusión sobre los orígenes de la raza humana. De hecho, la sola alusión específica a la evolución del hombre se refiere al origen de las diferencias entre las razas, y no toca el problema de la especie humana descendiente de animales inferiores, incluso lo elimina en la edición definitiva del libro. Aborda, otra vez, el tema en las últimas páginas del volumen, donde escribe claramente que cuando la teoría general de la evolución quede admitida «podemos esperar que una gran luz caiga sobre los orígenes del hombre y de su historia». Ahora bien, cuando *La descendencia del hombre* estuvo preparada para ser publicada doce años más tarde, se hallaba dispuesto a llevar sus argumentos hasta su conclusión lógica y fatal. El hombre debe estar sujeto a la selección natural, y esta ha tenido claramente una acción mucho más eficaz durante los primeros períodos de su evolución.

La selección natural es el resultado de la lucha por la existencia, y esta, de la rapidez de la multiplicación. Es imposible no lamentar amargamente –aparte del problema de saber si es con razón– la rapidez con la cual el hombre tiende a aumentar; este aumento excita, en efecto, en las tribus bárbaras, la práctica del infanticidio y muchos otros males, y, en las naciones civilizadas, ocasiona la pobreza, el celibato y el matrimonio tardío de gentes previsoras. El hombre padece los mismos males físicos que los otros animales. No tiene ningún derecho a la inmunidad contra los peligros que resultan de la lucha por la existencia. Si no hubiera estado sometido a la selección natural durante los tiempos primitivos, el hombre no hubiese alcanzado jamás el nivel que ocupa ahora.

Su manera de variación, su conformación y su desarrollo, son idénticas a las de los animales inferiores.

El hombre está sujeto a variaciones numerosas, ligeras y diversas, determinadas por las mismas causas, reglamentadas y transmitidas según las mismas leyes generales que los animales inferiores. Se multiplica con tanta rapidez que ha estado necesariamente sometido a la lucha por la existencia, y, por lo tanto, a la acción de la selección natural. Ha engendrado razas numerosas, algunas de las cuales difieren bastante las unas de las otras para que ciertos naturalistas las hayan considerado como especies distintas. El cuerpo del hombre está construido sobre el mismo plan homólogo que el de otros mamíferos. Atraviesa las mismas fases de desarrollo embriogénico. Conserva muchas conformaciones rudimentarias e inútiles que, sin duda, han tenido anteriormente su utilidad, vemos algunas veces reaparecer en él caracteres que han existido en sus primeros antepasados, y tenemos las suficientes razones para creerlo así. Si el origen del hombre hubiera sido totalmente diferente del de todos los demás animales, estas manifestaciones diversas no serían más que profundas decepciones, y semejante hipótesis es inadmisible. Estas manifestaciones se hacen, por el contrario, comprensibles al menos en una larga medida, si el hombre, con otros mamíferos, es el codescendiente de algún tipo inferior desconocido.

Algunos naturalistas, profundamente impresionados por las aptitudes mentales del hombre, han separado el conjunto del mundo organizado en tres reinos: el reino humano, el reino animal y el reino vegetal, atribuyendo así al hombre un reino especial. El naturalista no puede ni comparar ni clasificar las aptitudes mentales, pero puede, tal como yo lo he intentado, buscar la demostración de que si las facultades mentales del hombre difieren inmensamente en grado de las de los animales que le son inferiores, no difieren en cuanto a su naturaleza. Una diferencia de grado, por grande que sea, no nos autoriza a colocar al hombre en un reino aparte.

En primer término, se asemeja más a los monos antropomorfos, y luego a los monos con cola del viejo mundo.

El hombre se parece a los monos antropomorfos, no solo por todos los caracteres que posee en común con el grupo *catarrhino* tomado en su conjunto, sino aun por otros rasgos particulares como la ausencia de callosidades y de cola, y por el aspecto general; por lo tanto, si se admite que estos monos forman un subgrupo natural, podemos concluir que el hombre debe su origen a algún antiguo miembro de este subgrupo. No es probable, en efecto, que un miembro de uno de los demás subgrupos inferiores, en virtud de la ley de la variación análoga, haya engendrado un ser de aspecto humano, semejante bajo tantos motivos a los monos antropomorfos superiores. No es dudoso que, comparado con la mayor parte de los tipos que se acercan a él, el hombre no haya tenido una mayor cantidad de modificaciones, en relación al enorme desarrollo de su cerebro y como resultado de su actitud vertical; sin embargo, no debemos perder de vista «que no es más que una de las diversas formas excepcionales de los primates».

Podemos obtener de estos hechos conclusiones precisas sobre la historia de la evolución del hombre.

Los primeros antepasados del hombre estaban cubiertos de pelo, sin duda alguna, y los dos sexos usaban barba; sus orejas eran probablemente puntiagudas y móviles; tenían una cola movida por músculos propios. Sus miembros y su cuerpo estaban sometidos a la acción de músculos numerosos que no reaparecen hoy más que accidentalmente en el hombre, pero que todavía son normales en los cuadrumanos. La arteria y el nervio del húmero pasaban por la abertura supracondiloidea. En esta época, o durante un período anterior, el intestino poseía un divertículo o ciego mayor que el que se tiene hoy. El pie, a juzgar por la condición del dedo gordo en los fetos, debía ser entonces aprehensor, y nuestros antepasados vivían sin duda habitualmente sobre los árboles, en algún país cálido, poblado de bosques. Los machos debieron tener fuertes colmillos que constituían para ellos armas formidables.

En una época anterior, el útero fue doble; las excreciones debían ser expulsadas por una cloaca. Y el ojo debía estar protegido por un tercer párpado o membrana nictitante. Remontándose aún más, los antepasados del hombre tenían una vida acuática; pues la morfología nos enseña claramente que nuestros pulmones no son más que una vesícula natatoria modificada, que servía en tiempos lejanos como flotador. Las hendiduras del cuello del embrión humano indican el lugar donde existían entonces las branquias. Los períodos lunares de algunas otras de nuestras funciones periódicas parecen constituir una huella de nuestra patria primitiva, es decir, una costa bañada por las mareas. Hacia esta época, el cuerpo de Wolff (*corpora wolffiana*) sustituía a los riñones. El corazón no existía más que como un simple vaso pulsátil, y la *chorda dorsalis* ocupaba el lugar de la columna vertebral. Estos primeros predecesores del hombre, entrevistos así en las profundidades tenebrosas del pasado, debían tener una organización tan simple como la del amphioxus, acaso inferior.

La principal distinción entre el hombre y el mono es su inteligencia, pero esto no es más que una diferencia de grado.

No se puede dudar que existe una inmensa diferencia entre la inteligencia del hombre más salvaje y la del animal mejor domesticado. Si un mono antropomorfo pudiera juzgarse de una manera imparcial, admitiría que, a pesar de ser capaz de combinar un plan ingenioso para saquear un jardín, servirse de piedras para combatir o para romper nueces, está fuera de su alcance la idea de transformar una piedra convirtiéndola en una herramienta. Menos aún podría seguir un razonamiento metafísico, resolver un problema de matemáticas, reflexionar sobre Dios o admirar una escena imponente de la naturaleza. Algunos monos, de todas maneras, declararían probablemente que son aptos para admirar, y que admiran la belleza de los colores de la piel y del pelo de sus compañeras. Admitirían que, no obstante ser capaces de hacer comprender con sus gritos a otros monos algunas de sus percepciones, o algunas de sus necesidades más simples, jamás ha atravesado su espíritu el pensamiento de manifestar ideas definidas con sonidos determinados. Podrían afirmar que están dispuestos a ayudar de muchas maneras a sus camaradas de rebaño, a poner en peligro su vida por ellos y a encargarse de los huérfanos, pero estarían obligados a reconocer que no entienden este amor desinteresado para todas las criaturas vivientes que constituye el más noble atributo del hombre.

Sin embargo, por considerable que sea la diferencia entre el espíritu del hombre y el de los animales superiores, no es más que una diferencia de grado y no de especie. Hemos visto que sentimientos, intuiciones, emociones y facultades diversas, tales como la amistad, la memoria, la atención, la curiosidad, la imitación, la razón, etc., de las cuales se enorgullece el hombre, pueden observarse en un estado naciente, o incluso a veces en un estado bastante desarrollado, en los animales inferiores. Son además susceptibles de algunos perfeccionamientos hereditarios, así como nos lo prueba la comparación del perro doméstico con el lobo y el chacal. Si se quiere sostener que determinadas facultades, tales como la conciencia, la abstracción, etc., son especiales del hombre, puede muy bien ocurrir que sean resultados accesorios de otras facultades intelectuales muy desarrolladas, las que a su vez derivan principalmente del uso continuo de un lenguaje llegado a la perfección. ¿A qué edad el niño recién nacido adquiere la facultad de la abstracción? ¿A qué edad empieza a tener conciencia de sí mismo y a reflexionar sobre su propia existencia? No podemos contestar a este problema, como no podemos explicar la escala orgánica ascendente. El lenguaje, este producto mitad arte, mitad instinto, lleva todavía la huella de su evolución gradual. La sublime creencia en un Dios no es universal en el hombre; la creencia en los agentes espirituales activos es una resultante natural de sus otras facultades mentales. El sentido moral es lo que constituye acaso la línea de demarcación más clara entre el hombre y los demás animales; pero no tengo nada más que añadir sobre este punto, porque he intentado probar que los instintos sociales –base fundamental de la moral humana– a los cuales vienen a unirse las facultades intelectuales activas y los efectos de las costumbres, conduce naturalmente a la regla: «Haz a los hombres lo que tú quisieras que a ti te hicieran»; principio sobre el cual reposa toda la moral.

En el capítulo siguiente haré algunas observaciones sobre las causas probables que han conducido al desarrollo gradual de las diversas facultades morales y mentales del hombre y sobre las diferentes fases que han atravesado. No se puede menos que afirmar que esta evolución es posible, puesto que todos los días contemplamos el desarrollo de estas facultades en el niño, y que podemos establecer una gradación perfecta entre el estado mental del más completo idiota, que es muy inferior al animal, y las facultades intelectuales de un Newton.

Y, en el párrafo con que termina su obra, resume su concepción.

Lamento pensar que la conclusión principal a la cual nos conduce esta obra, a saber, que el hombre desciende de alguna forma de una organización inferior, será muy desagradable para muchas personas. No hay posibilidad de dudar que descendemos de bárbaros. No olvidaré jamás la

213

sorpresa que he sentido al ver por primera vez a un ejército de fueguinos sobre una orilla salvaje y árida, pues inmediatamente me atravesó el espíritu el pensamiento de que tales eran nuestros antepasados. Estos hombres absolutamente desnudos, pintarrajeados, con cabellos largos y enredados, la boca espumeante, tenían una expresión salvaje, espantosa y desconfiada. Apenas poseían ningún arte y vivían, como las bestias salvajes, de lo que podían recoger; privados de toda organización social estaban a la merced de cuanto no formaba parte de su pequeña tribu. Cualquiera que haya visto un salvaje en su país natal no sentirá vergüenza alguna en reconocer que la sangre de algún ser inferior corre por sus venas. Me gustaría mucho más, por mi parte, descender del pequeño mono heroico que desafía a un terrible enemigo para salvar su guardián, o del viejo babuino que lleva triunfalmente a su joven camarada tras haberlo arrancado a la jauría de perros sorprendidos, que de un salvaje que se place en torturar a sus enemigos, ofrece sacrificios sanguinarios, practica el infanticidio sin remordimientos, trata a sus mujeres como esclavas, ignora toda decencia y sigue siendo el juguete de las supersticiones más groseras.

Puede perdonarse al hombre que sienta algún orgullo por haber sido llevado, a pesar de que no lo sea por sus propios esfuerzos, a la cumbre verdadera de la escala orgánica; y el hecho de que se haya elevado así, en lugar de haber sido colocado primitivamente, puede hacerle esperar un destino más alto en un porvenir lejano. Pero no hemos de ocuparnos aquí de esperanzas ni de temores, sino tan solo de la verdad, en los límites en que nuestra razón nos permita descubrirla. He acumulado la mayor cantidad de pruebas posible. Ahora bien, me parece que debemos reconocer que el hombre, a pesar de todas sus nobles cualidades, de la simpatía que demuestra por los más groseros de sus semejantes, de la bondad que extiende a los últimos de los seres vivos, a pesar de la inteligencia divina que le ha permitido penetrar los movimientos y la constitución del sistema solar —a pesar de todas esas facultades de un orden tan eminente— debemos reconocer, digo, que el hombre conserva aún en su organización corporal la marca indeleble de su origen inferior.

Su libro sobre los gusanos, *Papel de los gusanos en la formación de la tierra vegetal*, es de una naturaleza bastante distinta a la mayor parte de sus obras restantes. Demuestra ser un clásico de observaciones minuciosas. Su tesis principal es que la acumulación de grados imperceptibles produce efectos considerables Sus conclusiones están admirablemente resumidas en el último capítulo.

Los gusanos han desempeñado en la historia del globo un papel más importante del que supondría a primera vista la mayor parte de las gentes. En casi todas las regiones húmedas, son extraordinariamente numerosos, y poseen una gran potencia muscular para su talla. En muchas regiones de Inglaterra más de diez toneladas (10 516 kilos) de tierra seca pasan cada año por su cuerpo, y son trasladadas a la superficie sobre cada acre; así, todo el lecho superficial de tierra vegetal debe pasar una vez por sus cuerpos en el curso de algunos años. El hundimiento de las antiguas galerías mantiene la tierra vegetal en movimiento constante, a pesar de su lentitud, y las partes que la componen quedan frotadas la una contra la otra. En consecuencia, las superficies nuevas siempre están expuestas a la acción del ácido carbónico del suelo, y a la de los ácidos del humus, que parecen tener aún más efecto sobre la descomposición de las rocas. La producción de los ácidos del humus, probablemente está acelerada durante la digestión de las masas de hojas a medio descomponer que consumen los gusanos. Por ello, las partículas de tierra que forman la capa superficial, están sometidas a condiciones eminentemente favorables para su descomposición y su disgregación. Por otra parte, las partículas de las rocas menos duras sufren cierto grado de trituración mecánica en el buche muscular de los gusanos, en el cual las piedrecitas sirven de molares.

Las deyecciones finamente pulverizadas se escurren en tiempo lluvioso a lo largo de toda pendiente moderada, cuando han sido llevadas a la superficie en un estado húmedo, y las partículas más pequeñas son arrastradas a lo lejos, incluso sobre una superficie débilmente inclinada. Cuando están secas, las deyecciones se aglomeran a menudo en pequeñas bolitas, y estas pueden rodar a lo largo de las superficies inclinadas. Allí donde el suelo es totalmente horizontal y cubierto de hierba, y donde el clima es bastante húmedo para evitar que el viento lleve mucho polvo, parece imposible, en primer lugar, que haya una denudación subaérea de una extensión apreciable; pero es un hecho que las deyecciones de los gusanos son arrastradas en una dirección uniforme por los vientos dominantes acompañados de lluvias, y sobre todo mientras están todavía húmedas y viscosas. Estos diferentes medios evitan a la tierra vegetal superficial acumularse en gran espesor, y un lecho espeso de tierra vegetal detiene de muchas maneras la disgregación de las rocas y fragmentos de rocas subyacentes.

El desplazamiento de deyecciones de gusanos, por los medios indicados antes, tiene resultados que están lejos de carecer de importancia. En muchos lugares se ha demostrado ya que cada año es trasladada a la superficie una capa de tierra espesa de 0,2 pulgadas por acre; si una pequeña parte de esta capa resbala o rueda, y es incluso trasladada a poca distancia por la lluvia, a lo largo de cada superficie inclinada, o es arrastrada en diferentes ocasiones por el viento en cierta dirección, resultará un efecto considerable en el curso de los siglos. Por medio de medidas y de cálculos se ha encontrado que sobre una superficie de una inclinación media de 9° 26', 2,4 pulgadas cúbicas de tierra separadas por los gusanos, habían superado en el curso de un año una línea horizontal de una longitud de una toesa[5]; de manera que 240 pulgadas cúbicas traspasarían una línea de 100 toesas. Esta última cantidad pesaría en el estado húmedo

_____

5. Toesa, antigua medida francesa de seis pies.

11½ libras. Por ello, un peso considerable de tierra desciende continuamente en todas las pendientes de las laderas, y llega, con el tiempo, a alcanzar el fondo de los valles. Esta tierra acabará por ser transportada al océano por los ríos que riegan los valles, y este gran receptáculo reunirá todas las materias de denudación procedentes del continente. Se sabe, según el cálculo de los sedimentos anualmente llevados al mar por el Mississippi, que su enorme cuenca de drenaje debe rebajarse en un promedio de 0,00263 pulgadas por año; lo que bastaría, en cuatro millones y medio de años, para rebajar la totalidad de la cuenca al nivel de la costa del mar. Si en este sentido, una pequeña fracción de la capa de tierra fina, de 0,2 pulgadas de espesor, anualmente llevada a la superficie por los gusanos, es arrastrada lejos, no dejará de haber allí un movimiento importante en un período de tiempo que ningún geólogo considera como extraordinariamente largo.

Los arqueólogos deberían estar reconocidos a los gusanos pues protegen y conservan durante un período indefinido toda especie de objetos incapaces de descomponerse, abandonados en la superficie del suelo, enterrándoles bajo sus deyecciones. Por ello han podido ser conservados numerosos pavimentos elegantes, mosaicos curiosos y otros restos de la antigüedad, a pesar de que, sin duda alguna, los gusanos fueron ayudados poderosamente por la tierra levantada merced a la lluvia o el viento en el suelo adyacente, sobre todo cuando estaba cultivado. Los antiguos pavimentos de mosaico, no obstante, han sufrido muy a menudo en el sentido de que se han hundido por manera desigual, porque habían sido minados desigualmente por los gusanos. Incluso los viejos muros macizos pueden ser minados y desaparecer; ningún edificio está garantizado contra este peligro, a menos que los cimientos no estén de seis a siete pies por debajo de la superficie, espesor que no pueden minar los gusanos. Es probable que muchos monolitos y viejos muros hayan caído por haber sido minados por los gusanos.

Los gusanos preparan el suelo de manera excelente para la alimentación de las plantas de raíces fibrosas, y para la de las simientes de toda clase. Periódicamente exponen al aire la tierra vegetal y la tamizan de manera que dejen piedras más gruesas que las partículas que pueden tragar. Mezclan el todo conjuntamente de una manera estrecha, como un jardinero que prepara una tierra escogida para sus mejores plantas. En ese estado, este suelo es capaz de conservar la humedad, de absorber todas las sustancias solubles, y también de dar lugar a la formación de salitre. Los huesos de los animales, las partes más duras de los insectos, las conchas de los moluscos terrestres, las hojas, las ramas, etc., poco a poco quedan enterradas bajo las deyecciones acumuladas por los gusanos, y colocadas así en un estado más o menos adelantado de descomposición, al alcance de las raíces de las plantas. Los gusanos arrastran también en sus galerías un número infinito de plantas muertas y de partículas de plantas, sea para cerrar la abertura, sea para servirse de ellas como alimento.

Después de haber sido arrastradas a las galerías, las hojas que sirven de alimento son rotas en pequeños pedazos, digeridas en parte y saturadas de secreciones intestinales y urinarias para ser mezcladas inmediatamente con una gran cantidad de tierra. Esta tierra forma el rico humus de color oscuro, que recubre la superficie del suelo casi por todas partes. Von Helsen colocaba en un vaso de 18 pulgadas de diámetro dos gusanos: el vaso estaba lleno de arena sobre la cual se habían desparramado hojas secas; las hojas fueron arrastradas muy pronto a las galerías hasta una profundidad de 3 pulgadas. Al cabo de seis semanas, una capa casi uniforme de arena, de un centímetro de espesor (0,4 pulgadas), se convirtió en humus por haber pasado por el conducto alimenticio de estos dos gusanos. Algunas personas creen que las galerías de gusanos que a menudo penetran en la tierra casi perpendicularmente, hasta la profundidad de cinco a seis pies, contribuyen eficazmente a su drenaje, a pesar de que las deyecciones viscosas amontonadas por encima de las aberturas de las galerías hacen imposible, o por lo menos difícil, la entrada directa del agua de lluvia. Estas galerías permiten que el aire penetre profundamente en la tierra. Facilitan también, y muchísimo, el descenso de las raíces de mediano tamaño, y estas se alimentan, sin duda, del humus que reviste las galerías. Muchas semillas deben su germinación a que han sido recubiertas por deyecciones; y otras, llevadas a una profundidad considerable debajo de masas de deyecciones acumuladas, esperan en un estado de letargo que algún accidente les ponga al descubierto para poder germinar.

Los gusanos están pobremente dotados en lo que se refiere a los órganos de los sentidos; pues no puede decirse de ellos que vean, a pesar de que pueden distinguir la luz de la oscuridad; son completamente sordos, su olfato es débil, y solo tienen bien desarrollado el sentido del tacto. No pueden, pues, conocer gran cosa del mundo exterior, y es sorprendente que muestren alguna habilidad en rellenar de deyecciones y de hojas el interior de sus galerías, o en amontonar sus deyecciones de manera que formen masas turriformes. Pero todavía es más sorprendente que muestren, al parecer, un cierto grado de inteligencia, en lugar de un impulso puramente instintivo y ciego, en la manera como cierran la abertura de sus galerías. Actúan casi como lo haría un hombre que tuviera que cerrar un tubo cilíndrico con diferentes especies de hojas, de pedículos, de triángulos de papel, etc.; pues generalmente agarran estos objetos por la punta. Algunos objetos delgados, sin embargo, son introducidos por la extremidad más amplia. No actúan de la misma manera en todos los casos, como lo hacen la mayor parte de los animales inferiores; por ejemplo, no introducen las hojas por su peciolo, a menos que la parte del limbo sea tan estrecha como la punta, o más estrecha que ella.

Cuando vemos una vasta extensión de césped, deberíamos recordar que si aquella es llana (y su principal belleza depende de eso) se debe de manera primordial a que las desigualdades han sido lentamente niveladas por los gusanos. Es maravilloso pensar que la tierra vegetal de toda la superficie ha pasado por el cuerpo de los gusanos, y volverá a pasar aún, al cabo de un corto número de años. El arado es una de las invenciones más antiguas y más apreciadas por el hombre, pero mucho antes de que existiera, la tierra estaba de hecho labrada regularmente por los gusanos, y no dejará jamás de estarlo. Se puede dudar de que haya muchos otros animales que jueguen en la historia del globo un papel tan importante como estas criaturas de una organización tan inferior. Otros animales de una organización todavía más imperfecta, aludo a los corales, han construido innumerables arrecifes e islas en los grandes océanos; pero estas obras que impresionan extraordinariamente la vista están casi exclusivamente confinadas a las regiones tropicales.

No podemos terminar este libro de mejor manera que citando los párrafos famosos en los cuales Darwin resume su más grande obra, *El origen de las especies*:

Autores eminentes parecen estar completamente satisfechos con la hipótesis de que cada especie ha sido creada independientemente. A mi juicio se aviene mejor con lo que conocemos de las leyes fijadas por el Creador a la materia, el que la producción y extinción de los habitantes pasados y presentes de la Tierra hayan sido debidas a causas secundarias, como las que determinan el nacimiento y muerte del individuo. Cuando considero todos los seres, no como creaciones especiales, sino como los descendientes directos de un corto número de seres que vivieron mucho antes de que se depositase la primera capa del sistema cámbrico, me parece que se ennoblecen. Juzgando por el pasado, podemos deducir con seguridad que ninguna especie viviente transmitirá intacta su semejanza hasta una época futura lejana. Y de las especies que ahora viven, poquísimas transmitirán descendientes de ninguna clase a edades remotas; pues la manera como están agrupados todos los seres organizados, muestra que en cada género la mayor parte de las especies, y en muchos géneros todas, no han dejado descendiente alguno y se han extinguido por completo. Podemos echar una mirada profética al porvenir, hasta el punto de predecir que las especies más comunes y más extendidas, que pertenecen a los grupos mayores y más importantes de cada clase, serán las que finalmente prevalecerán y procrearán especies nuevas y preponderantes. Como todas las formas actuales de la vida son descendientes directas de las que vivieron hace muchísimo tiempo en la época cámbrica, podemos estar seguros de que jamás se ha interrumpido la sucesión regular de las generaciones y de que ningún cataclismo ha transformado el mundo entero; por tanto, podemos contar, confiadamente, con un porvenir de gran duración. Y como la selección natural obra solamente mediante el bien y para el bien de cada ser, todas las cualidades intelectuales y corporales tenderán a progresar hacia la perfección.

Es curioso contemplar un enmarañado ribazo cubierto por muchas plantas de varias clases, con aves que cantan en los matorrales, con diferentes insectos que revolotean y con gusanos que se arrastran entre la tierra húmeda, y reflexionar que estas formas, primorosamente construidas, tan diferentes entre sí, y que dependen mutuamente de modos tan complejos, han sido producidas por leyes que obran a nuestro alrededor. Estas leyes, tomadas en un sentido más amplio, son: la del crecimiento y la de la reproducción, la de la herencia, que casi está comprendida en la de la reproducción; la de la variabilidad, resultante de la acción directa e indirecta de las condiciones de vida y del uso y la falta de uso; la de la multiplicación de las especies, en razón bastante elevada para conducir a la lucha por la existencia, que tiene por consecuencia la selección natural, la cual determina la divergencia de caracteres y la extinción de las formas menos perfeccionadas. El resultado directo de esta guerra de la naturaleza, que se traduce por el hambre y por la muerte, es, pues, el hecho más admirable que podemos concebir, a saber: la producción de los animales superiores. ¿No existe una verdadera grandeza en esta manera de concebir la vida, con sus diversas potencias que el creador ha atribuido primeramente a un reducido número de formas o hasta a una sola? Ahora bien, mientras nuestro planeta, obedeciendo a la ley fija de la gravitación, continúa girando en su órbita, una cantidad infinita de hermosas y admirables formas, surgidas de un comienzo tan simple, no han cesado de desarrollarse y seguirán desarrollándose.

ÍNDICE

El pensamiento vivo de Darwin
de JULIAN HUXLEY se terminó de
imprimir el 30 de mayo de 2025